国家骨干院校重点建设专业校企合作教材

Qiangong Gongyi yu Jineng Xunlian

钳工工艺与技能训练

李新宁　主编
罗国玺　主审

人民交通出版社

内 容 提 要

本书是青海交通职业技术学院,国家高职骨干院校建设汽车运用技术试点专业校企合作开发的教材,根据"厂校融通、项目引领、三段递进"312人才培养模式中的基础技能养成的建设要求,校企共同研究开发,以钳工的基本操作技能为切入点,按照项目引领、任务驱动的教学理念,开发出十二个项目的学习内容,每个项目注重实用技能的培养,以适应汽车维修工作的需求。

本书主要内容包括:钳工认知、常用量具识读、钳工划线、锉削、锯削、錾削、钻孔、其他孔加工、攻螺纹及套螺纹、典型零件工艺分析、典型零件制作以及钳工实训12个教学项目。

本书可作为高等职业教育汽车运用技术专业教学用书,也可作为汽车类职业院校在校学生、技术工人和工程技术人员等的学习培训教材。

图书在版编目(CIP)数据

钳工工艺与技能训练/李新宁主编. —北京:人民交通出版社,2013.2

国家骨干院校重点建设专业校企合作教材

ISBN 978-7-114-10430-5

Ⅰ.①钳… Ⅱ.①李… Ⅲ.①钳工—工艺学—高等职业教育—教材 Ⅳ.①TG9

中国版本图书馆CIP数据核字(2013)第042099号

国家骨干院校重点建设专业校企合作教材

书　　名:钳工工艺与技能训练
著 作 者:李新宁
责任编辑:卢仲贤 刘 君 周 凯
出版发行:人民交通出版社
地　　址:(100011)北京市朝阳区安定门外外馆斜街3号
网　　址:http://www.ccpress.com.cn
销售电话:(010)59757973
总 经 销:人民交通出版社发行部
经　　销:各地新华书店
印　　刷:北京虎彩文化传播有限公司
开　　本:787×1092 1/16
印　　张:7.875
字　　数:200千
版　　次:2013年2月 第1版
印　　次:2023年6月 第10次印刷
书　　号:ISBN 978-7-114-10430-5
定　　价:26.00元

序

2010年青海交通职业技术学院跻身于全国高职院校“百强”行列，成为西北地区唯一一所交通运输类国家骨干高职院校。汽车运用技术专业群是国家骨干高职院校重点建设项目之一。

本套教材基于汽车运用技术专业“厂校融通、项目引领、三段递进”312人才培养模式，结合现代职业教育理念，以一汽大众汽车、北京现代汽车、丰田汽车、奇瑞汽车四种车系为基础，系统地、科学地将四种品牌汽车知识、新技术、操作规范及在专业中的应用技能进行了整合，引导学生在掌握基本的汽车理论基础后，结合实际的职业岗位能力要求，进行四种车系专项技能学习。

本套教材的内容是在企业调研的基础上，吸收高职高专课程体系改革的先进理念，结合专业特色进行整合的共享型资源，具有较强的指导性、应用性。

本套教材是在多年贯彻“工学结合、校企合作”人才培养模式的教学改革经验的基础上，以职业能力培养为目标，由企业技术人员和学校教师共同编写，体现了学校教学和企业实践的有机统一，传统工艺和现代技术的有机融合，并严格贯彻最新标准、规范、工艺和规程要求。编写过程中注重特定教学对象的认识能力和认知规律，采用图文结合的形式，力求直观明了，提供一种提高学生职业素养和职业能力的解决方案，切实做到了理论够用、重在实践。

本教材的主要特点是：

1. 从企业的需要出发，重塑教学目标

本教材是从企业的需要及学生的职业发展出发，让学生通过品牌汽车专门化学习，能够切实找到自己的职业发展方向或者是能较好地适应未来企业的用人需要。

2. 从人才培养的目标出发，重整教学内容

汽车技术涉及的品牌、范围、层面、内容非常广泛，本教材以丰田、一汽大众、奇瑞和北京现代四种车系基本知识为基础，以面向高职学生的技能实务为主线，把握重点、落到实处。

本教材在编写过程中，参考了近5年来不同版本的本科、专科及中职相关教材、教学参考资料及相关车系4S店提供的信息资料，在此谨向各位参考文献的编写专家及提供信息资料的相关个人、部门表示衷心的感谢。

青海交通职业技术学院

国家骨干院校重点建设专业校企合作教材编审委员会

汽车运用技术专业建设委员会

2012年12月

前　言

2011 年，青海交通职业技术学院被教育部批准建设国家骨干高职院校，汽车运用技术专业被列为我院骨干校建设试点专业。汽车运用技术专业人才培养模式与课程体系改革以创新校企合作、工学结合“厂校融通、项目引领、三段递进”312 人才培养模式，以丰田、一汽大众、奇瑞、现代四种品牌汽车的 TSD 训练区为核心，校企共同研究开发课程体系，按照汽车运用技术专业人才培养目标要求，构建基础技能养成、TSD 训练区、顶岗实习三大教学领域，形成 3 个平台、9 个项目的能力递进设课程体系。

本书根据“厂校融通、项目引领、三段递进”312 人才培养模式中的基础技能养成的建设要求，校企共同研究，按照项目引领、任务驱动的教学理念，开发出：钳工认知、常用量具识读、钳工划线、锉削、锯削、錾削、钻孔、其他孔加工、攻螺纹及套螺纹、典型零件工艺分析、典型零件制作以及钳工实训十二个教学项目。以培养学生掌握钳工的基本操作技能为核心，将钳工的基本操作技能、零件加工、工艺分析等有机融合，突出能力培养，突出学生主体，注重技能训练，并渗透素质教育。

本书在编写过程中得到青海一机数控机床有限责任公司的大力支持，并特邀青海一机数控机床有限责任公司制造部长王青林参加编写与技术指导，按照不同的项目介绍了企业产品制造的氛围与情境，具有较强的针对性和实用性。本书可作为高职高专汽车类相关专业的钳工教材，也可作为中职汽车运用与维修专业的钳工教材，同时也可作为钳工初级工培训教材。

本书由青海交通职业技术学院李新宁担任主编，罗国玺担任主审。参加编写工作的有青海交通职业技术学李新宁（编写项目二、项目七、项目九和项目十）、李广德（编写项目一、项目三、项目八）、王青林（编写项目四和项目十一）、李永芳（编写项目五）、王兆瑞（编写项目六）。本书在编写过程中得到了有关领导和老师的大力支持，在此一并表示诚挚的感谢。

由于时间仓促，加之编者水平有限，书中难免存在不足之处，恳请读者给予批评指正。

编者

2012 年 10 月

目　录

项目一 钳工认知

Z 知识目标

了解钳工基本操作技能知识，掌握钳工的安全文明操作规程。

N 能力目标

熟知钳工工作场地的常用设备（钳工工作台、虎钳、砂轮机及钻床等），并能正确使用。

S 素质目标

培养勤学苦练的精神，养成遵纪守规、安全操作、文明生产的职业习惯。

任务一 了解钳工基本操作技能

1. 钳工加工的特点

钳工是以手工操作为主的切削加工方法。

钳工具有工具简单，加工多样灵活，可加工形状复杂和高精度的零件，投资小等优点。同时，具有生产效率低和劳动强度大、加工质量不稳定的缺点。

(1)加工多样灵活：在不适于机械加工的场合，尤其是在机械设备的维修工作中，钳工加工可获得满意的效果。

(2)可加工形状复杂和高精度的零件：技术熟练的钳工可加工出连现代化机床加工的零件还要精密和光洁的零件，还可以加工出连现代化机床也无法加工的、形状非常复杂的零件，如高精度量具、样板、复杂的模具等。

(3)投资小：钳工加工的所用工具和设备价格低廉，携带方便。

(4)生产效率低，劳动强度大：钳工大部分是用手持工具对零件进行加工，机械化程度极低。

(5)加工质量不稳定：加工质量的高低受工人技术熟练程度的影响。

目前，虽然有各种先进的机械加工方法，但很多工作仍然需要由钳工来完成。钳工在保证机械加工质量中起着重要的作用，是不可缺少的重要工种之一。

2. 钳工的工作任务

钳工的工作范围很广。工作任务主要有划线、加工零件、装配、设备维修和创新技术。

(1)划线：对加工前的零件进行划线。

(2)加工零件：对采用机械方法不太适宜或不能解决的零件以及各种工、夹、量具和各种专用设备等的制造，要通过钳工工作来完成。

(3)装配：将机械加工好的零件按机械的各项技术精度要求进行组件、部件装配和总装配，使之成为一台完整的机械。

(4)设备维修：对机械设备在使用过程中出现损坏、产生故障或长期使用后失去使用精度的零件要通过钳工进行维护和修理。

(5)创新技术:为了提高劳动生产率和产品质量,不断进行技术革新,改进工具和工艺,也是钳工的重要任务。

总之,钳工是机械制造工业中不可缺少的工种。

随着机械工业的发展,钳工的工作范围日益扩大,专业分工更细。因此,钳工分成了普通钳工(装配钳工)、修理钳工、模具钳工(工具制造钳工)等。

(1)普通钳工(装配钳工):主要从事机器或部件的装配和调整工作以及一些零件的钳工加工工作。

(2)修理钳工:主要从事各种机器设备的维修工作。

(3)模具钳工(工具制造钳工):主要从事模具、工具、量具及样板的制作。

3. 钳工基本操作技能

无论哪一种钳工,首先都应掌握好钳工的各项基本操作技能,包括:零件的测量、划线(图1-1)、錾削(图1-2)、锯削(图1-3)、锉削(图1-4)、钻孔(图1-5)、扩孔、锪孔(图1-6)、铰孔、

图1-1 划线

图1-2 錾削

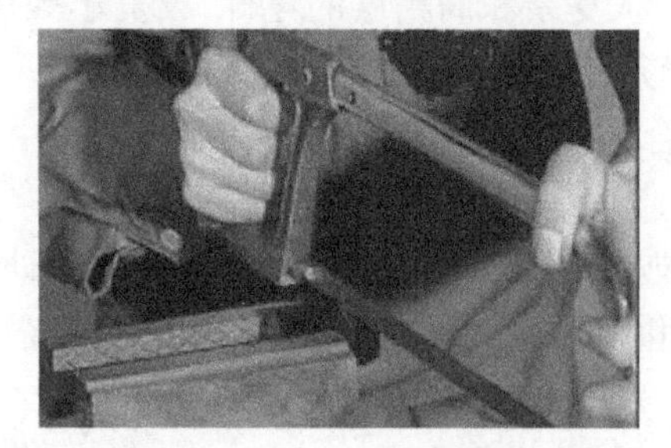

图1-3 锯削

图1-4 锉削

图1-5 钻孔

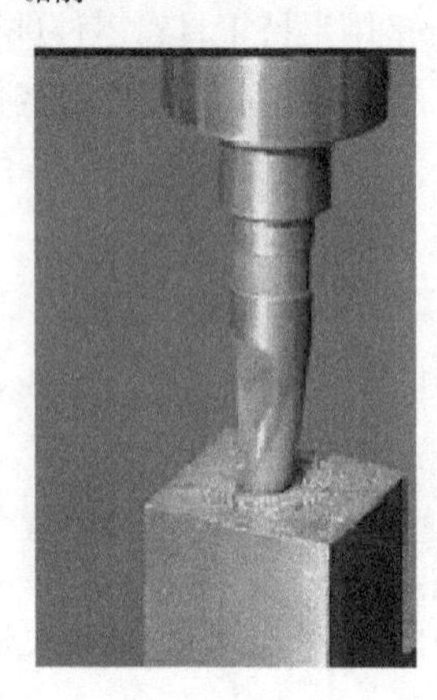

图1-6 锪孔

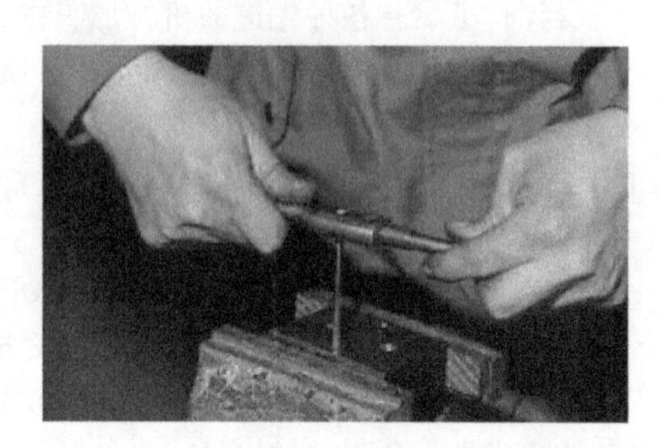

图1-7 攻螺纹

攻螺纹(图1-7)、套螺纹(图1-8)、刮削(图1-9)、研磨(图1-10)、矫直、弯曲(图1-11)、铆接、钣金下料及简单的热处理等。然后再根据分工不同进一步学习掌握好零件的钳工加工及产品和设备的装配、修理等技能。

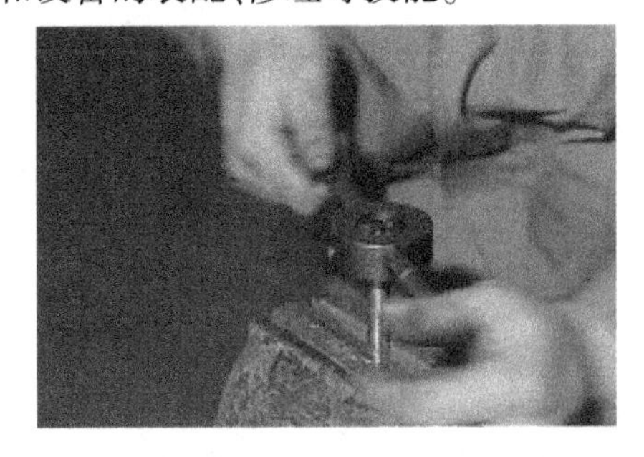

图1-8　套螺纹

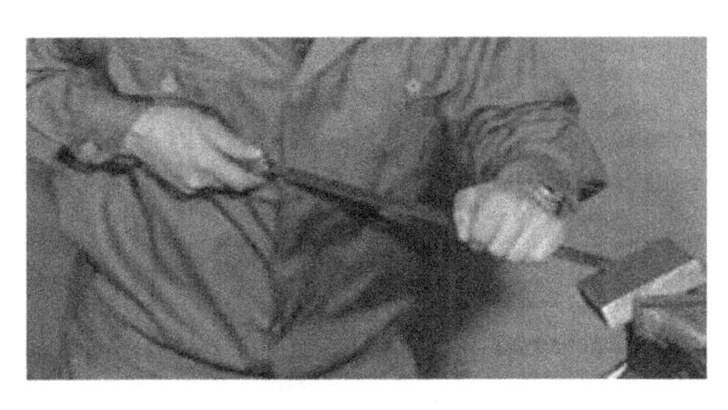

图1-9　刮削

图1-10　研磨

图1-11　矫正与弯曲

任务二　熟悉钳工常用设备

钳工常用的设备有:钳工台、台虎钳、砂轮机、台钻、立钻等。

(1)钳工台(图1-12)主要用来安装台虎钳、放置工具和零件等。钳台高度为800~900mm,台面一般为长方形、六角形等,高度一般以800~900mm为宜,装上台虎钳后,钳口高度恰好与人的手肘相齐为宜,长度和宽度随工作需要而定。

图1-12　钳工台

(2)台虎钳是用来夹持零件的通用夹具。装置在钳工台上,用以夹稳加工零件,为钳工操作必备工具。

①台虎钳种类分固定式台虎钳(图1-13)和回转式台虎钳(图1-14)。

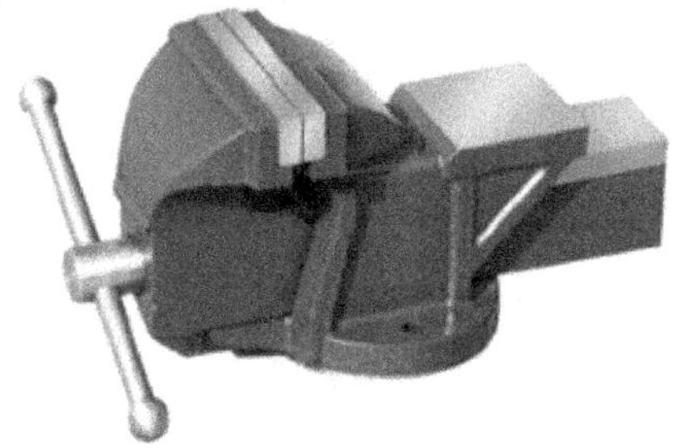

图1-13　固定式台虎钳

图1-14　回转式台虎钳

②台虎钳的规格以钳口的宽度表示,有 100mm、125mm、150mm 等。

③回转式台虎钳结构和工作原理如图 1-15 所示。

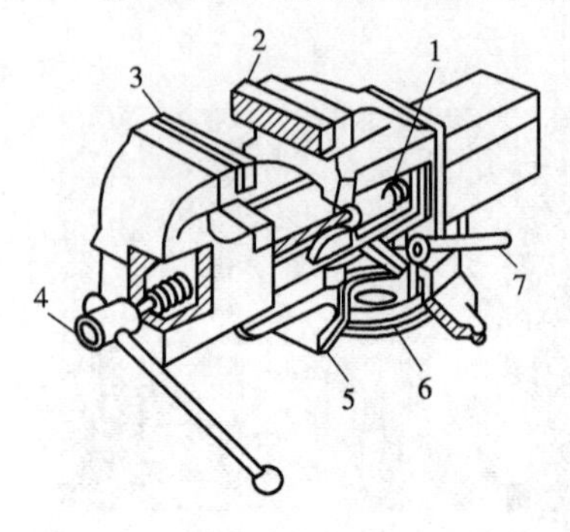

图 1-15　回转式台虎钳结构和工作原理
1-螺线;2-固定钳口;3-活动钳口;4-丝杠;5-转盘座;6-夹紧盘;7-夹紧手柄

回转式台虎钳结构由钳体、底座、导螺母、丝杠、钳口体等组成。活动钳身通过导轨与台虎钳固定钳身的导轨做滑动配合。丝杠装在活动钳身上,可以旋转,但不能轴向移动,并与安装在固定钳身内的丝杠螺母配合。当摇动手柄使丝杠旋转,就可以带动活动钳身相对于固定钳身做轴向移动,起夹紧或放松的作用。弹簧借助挡圈和开口销固定在丝杠上,其作用是当放松丝杠时,可使活动钳身及时地退出。在固定钳身和活动钳身上,各装有钢制钳口,且用螺钉固定。钳口的工作面上制有交叉的网纹,使零件夹紧后不易产生滑动。钳口经过热处理淬硬,具有较好的耐磨性。固定钳身装在转座上,并能绕转座轴心线转动,当转到要求的方向时,扳动夹紧手柄使夹紧螺钉旋紧,便可在夹紧盘的作用下把固定钳身固紧。转盘座上有三个螺栓孔,用以与钳台固定。

(3)砂轮机(图 1-16)主要是用来磨削各种刀具和工具的。如磨削钻头(图 1-17)、錾子、样冲、划针等,也可磨削其他刀具。

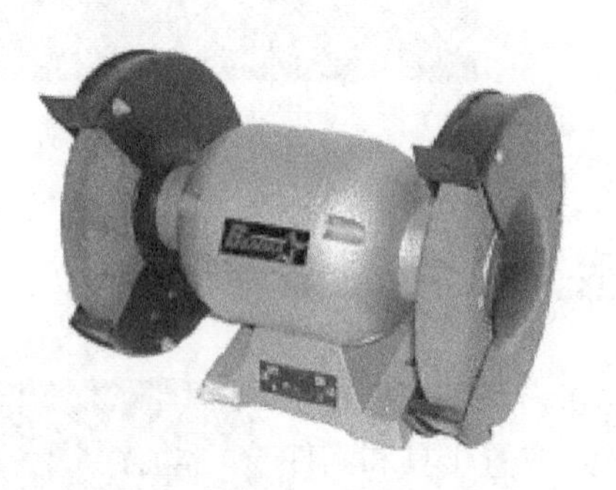

图 1-16　砂轮机

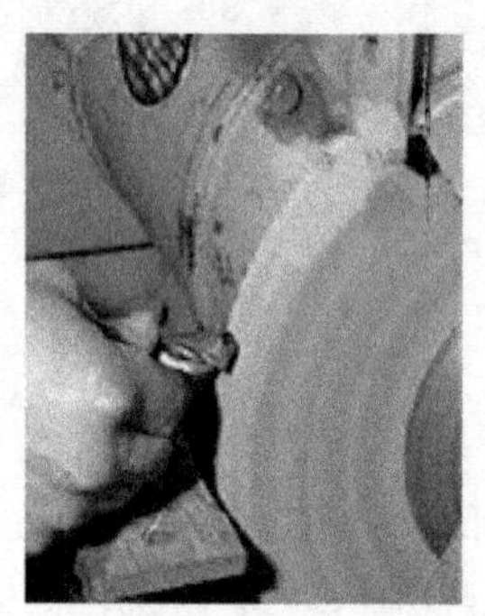

图 1-17　磨钻头

(4)钻床:对零件进行圆孔加工的机床。一般有台钻(图 1-18)、立钻(图 1-19)、摇臂钻(图 1-20)、手电钻(图 1-21)等。

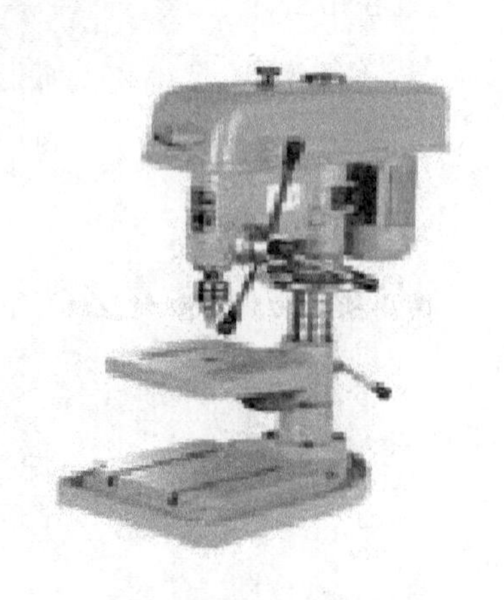

图 1-18　台钻

图 1-19　立钻

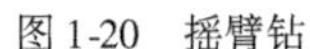
图1-20　摇臂钻

图1-21　手电钻

任务三　正确使用钳工设备

1. 台虎钳的安全操作注意事项

(1)安装台虎钳时,必须使固定钳身的钳口工作面处于钳台边缘以外,以保证夹持长条形零件时,零件的下端不受钳台边缘的阻碍。

(2)必须把台虎钳牢固地固定在钳台上,工作时两个夹紧螺钉必须扳紧,保证钳身没有松动现象,以免损坏台钳和影响加工质量。

(3)夹紧零件时,只允许依靠手的力量扳紧手柄,不能用手锤敲击手柄或随意套上长管扳手柄,以免丝杠、螺母或钳身因受力过大而损坏。

(4)强力作业时,应尽量使力朝向固定钳身,否则丝杠和螺母会因受到较大的力而导致螺纹损坏。

(5)不要在活动钳身的光滑平面上敲击零件,以免降低它与固定钳身的配合性能。

(6)丝杠、螺母和其他活动表面都应保持清洁,并经常加油润滑和防锈,以延长使用寿命。

2. 砂轮机的安全操作注意事项

砂轮机主要由砂轮、机架和电动机组成。工作时,砂轮的转速很高,很容易因系统不平衡而造成砂轮机的振动,因此要做好平衡调整工作,使其在工作中平稳旋转。由于砂轮质硬且脆,如使用不当容易产生砂轮碎裂而造成事故。因此,使用砂轮机时要严格遵守以下的安全操作注意事项。

(1)砂轮的旋转方向要正确,使磨屑向下飞离,不致伤人。

(2)砂轮机启动后,要等砂轮转速平稳后再开始磨削,若发现砂轮跳动明显,应及时停机修整。

(3)砂轮机的搁架与砂轮间的距离应保持在3mm以内,以防磨削件轧人,造成事故。

(4)磨削过程中,操作者应站在砂轮的侧面或斜侧面,不要站在正对面。

3. 钻床的安全操作注意事项

(1)在进行钻削加工时,要将零件装夹牢固,严禁戴着手套操作,以防零件飞脱或手套被钻头卷绕而造成人身事故。

(2)立钻使用前必须先空转试车,在机床各机构都能正常工作时才可操作。

(3)钻通孔时,必须使钻头能通过工作台面上的让刀孔,或在零件下面垫上垫铁,以免钻坏工作台面。

(4)变换主轴转速或机动进给时，必须在停车后进行调整，以防变换时齿轮损坏。

(5)下班时，必须将机床外露滑动面及工作台面擦净，并对各滑动面及各注油孔眼加注润滑油。

任务四　牢记钳工实习工厂安全操作规程

(1)工作前，必须穿戴好防护用品，所用工具必须完好、可靠，才能开始工作。禁止使用有裂纹、毛刺、手柄松动等不符合安全要求的工具，并严格遵守常用工具安全操作规程。

(2)台钻钻孔及砂轮机，只有在老师的指导下方可操作。

(3)操作的设备及其他与电有关的工具，如发生电路故障，应请电工修理，严禁自己拆卸修理。

(4)严禁用锉刀敲击或用作錾削工具。

(5)工作中，要注意周围人员及自身的安全，防止因挥动工具时工具脱落、铁屑飞溅造成伤害。两人以上工作时，要注意协调配合。

(6)操作旋转设备时，如台钻、摇臂钻等，严禁戴手套，不得用手拿着零件进行钻、铰、锪孔等操作。

(7)清除铁屑，必须使用清洁工具，严禁手拉嘴吹。

(8)严禁在划线平台上敲击、坐人或堆放其他杂物。

(9)严禁在操作或其他时间用工具，如锯、锉刀、榔头等进行哄闹或对他人进行玩笑式的动作，以防误伤他人和自己。

(10)工作完毕或因故离开工作岗位，必须将工具放置工具箱或指定位置内，台虎钳摇至台口位置，手柄垂直向下。清理好现场。

任务五　基础技能训练

(1)熟悉钳工实训场地。

(2)用所学机械基础知识，认识钳工常用设备的传动(如螺旋传动、皮带轮传动、齿轮齿条传动等)。

(3)台虎钳的放松与夹紧操作。

(4)台钻更换传动比，观察主轴转速的变化。

思考题

1. 钳工有哪些工作任务？
2. 钳工基本操作技能有哪些？
3. 现代制造技术如此发达，为什么还需要钳工操作技能？
4. 在钳工实习工厂里，面对面的钳工工作台之间为什么要加隔网？
5. 台虎钳的放松与夹紧采用什么传动形式？有什么特点？
6. 台钻有几种传动形式？各有什么特点？

项目二　常用量具识读

Z 知识目标

1. 熟悉量具的类型与用途；
2. 掌握游标卡尺和外径千分尺的刻线原理与读数方法；
3. 理解量具的维护和保养。

N 能力目标

培养学生正确使用游标卡尺和外径千分尺的方法，减少测量误差。

S 素质目标

培养学生严谨的思维方法。

任务一　量具基础知识认知

一、量具类型

量具是用来测量零件尺寸、零件形状、零件安装位置的工具；量具是保证零件加工精度和产品质量的重要因素。根据其用途和特点，量具可为以下三种类型。

图 2-1　量块

(1)标准量具：用作测量或检定标准的量具。如量块，如图 2-1 所示。

(2)专用量具：专门为检测零件某一技术参数而设计制造的量具。如卡规、塞规等，如图 2-2所示。

(3)万能量具：由量具厂统一制造的通用性量具。如游标卡尺、千分尺、百分表等，如图 2-3所示。

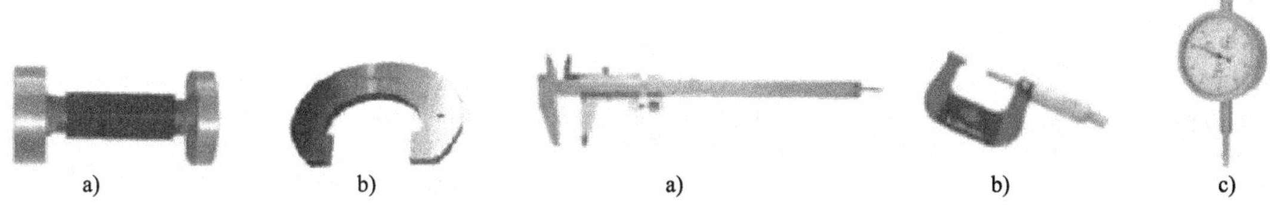

图 2-2　专用量具
a)塞规；b)卡规

图 2-3　万能量具
a)游标卡尺；b)千分尺；c)百分表

二、长度测量单位

测量就必须使用单位。在我国的法定计量单位中，长度的单位是米，机械制造中常用的计量单位是毫米。目前,我国常用的长度单位名称和代号见表2-1。

长度计量单位 表2-1

单位名称	米	分米	厘米	毫米	忽米	微米
符号	m	dm	cm	mm	cmm	μm
备注	①1m = 10dm = 100cm = 1000mm = 100000cmm = 1000000μm ②忽米不是法定计量单位,在工厂中常用,常称为"丝"或"道"					

在工作实践中,还会遇到英制尺寸。在机械制造中,英制尺寸以英寸为主要计量单位。1in = 25.4mm。

三、量具的技术性能指标

量具的技术性能指标很多,这里只介绍常用的两个。

(1)分度值:分度值(又称刻度值)是量具每一刻度间距所代表的被测量的数值。例如:常用的三角板,其分度值是1mm。

(2)测量范围:测量范围是量具的被测量的最小值到最大值的范围,例如:常用的100mm的直尺,其测量范围是100mm。

四、读数

在读数时,目光必须正对读数值,不能偏斜。

任务二 熟悉钳工常用量具的名称、图例与功用

钳工基本操作中常用的量具有钢直尺、直角尺、游标卡尺、千分尺、量角器、百分表等。

一、钢直尺

钢直尺是常用量具中最简单的一种量具。如图2-4所示,常用规格有150mm、300mm、500mm和1000mm四种。主要用来测量零件的长度尺寸,卡取尺寸,也可以用作划线时的导向工具,如图2-5所示。

图2-4 钢直尺

钢直尺必须经常保持良好状态,不能损伤或弯曲,尺的端边和长边应相互垂直。钢直尺的使用方法应根据零件形状灵活掌握。

用钢直尺测量零件尺寸时,由于尺上的刻线粗细不匀,尺在零件上的方位没有放对或尺寸没有看准等原因,容易产生误差,所以钢直尺测量误差比较大,一般为0.3~0.5mm或更多一点。

二、直角尺

直角尺可用来测量零件的垂直度、平面度及用作划线的辅助工具。常用的有刀口形直角尺和宽座直角尺等,如图2-6所示。图2-7为直角尺的应用。

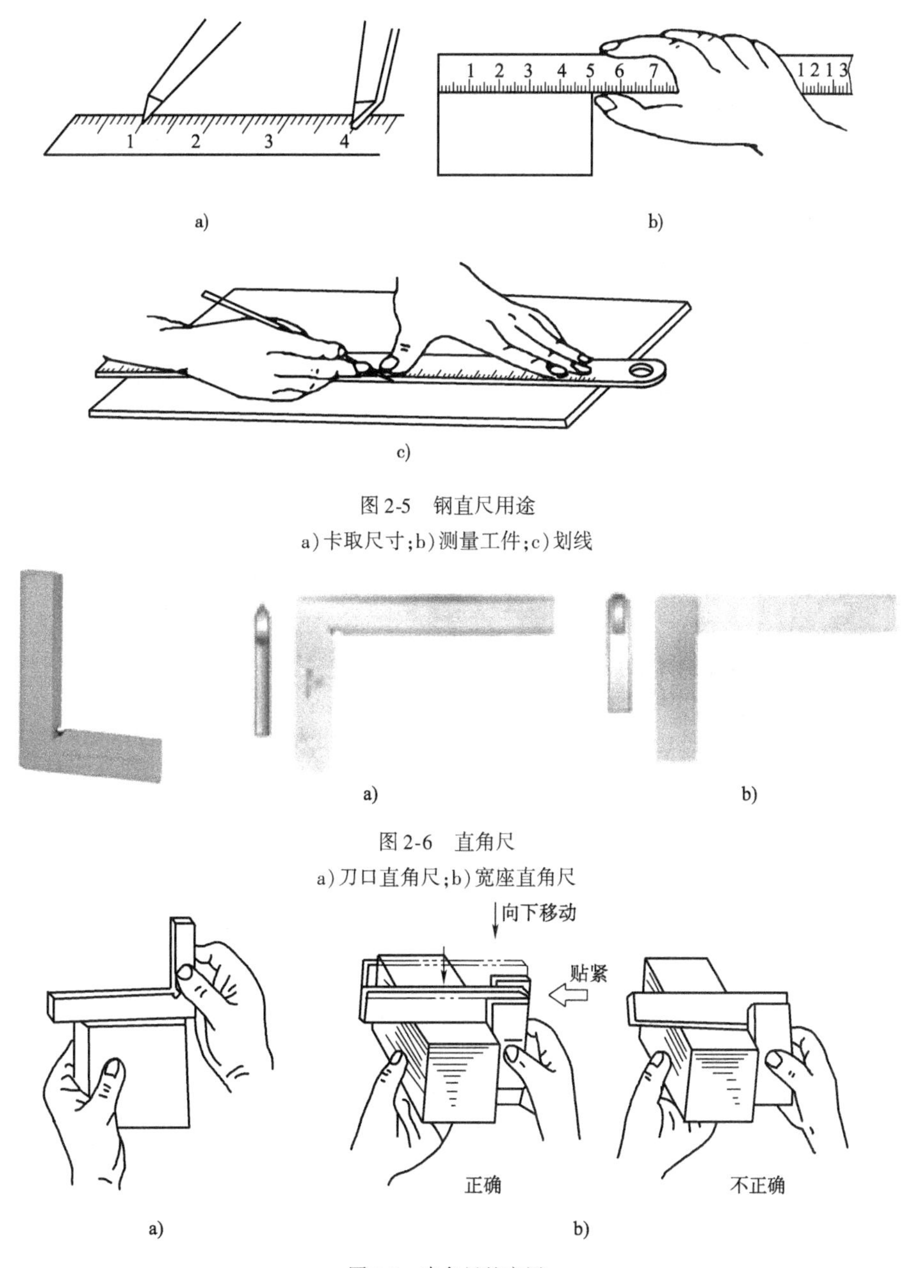

图 2-5　钢直尺用途

a）卡取尺寸；b）测量工件；c）划线

图 2-6　直角尺

a）刀口直角尺；b）宽座直角尺

图 2-7　直角尺的应用

a）检查直线度；b）检查垂直度

三、游标卡尺

游标卡尺是一种中等精度的量具，可以直接测量出零件的外径、内径、长度、宽度、深度和孔距等尺寸，如图 2-8、图 2-9 所示。

四、高度游标卡尺

高度游标卡尺（高度规）如图 2-10 所示，其读数原理与游标卡尺相同。主要用于测量零件的高度和划线用，但一般限于半成品加工。

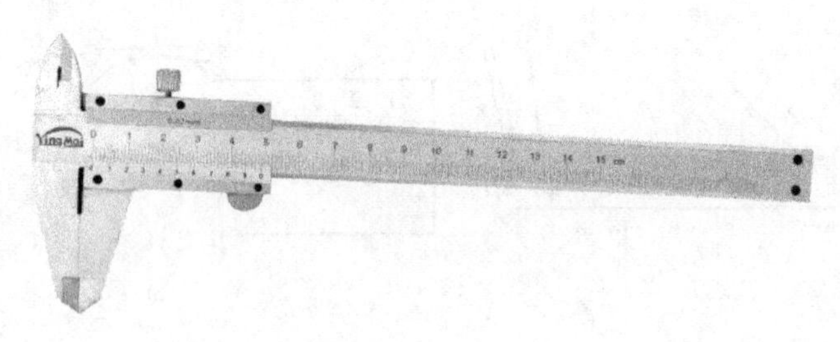

图 2-8　游标卡尺

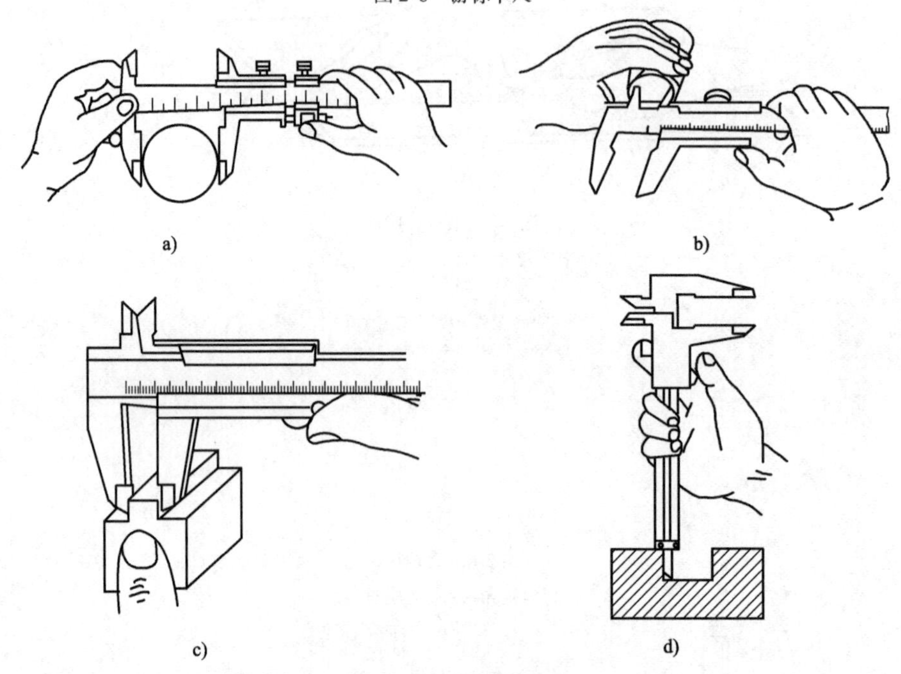

图 2-9　游标卡尺的部分用途

a)测量外径;b)测量内径;c)测量宽度;d)测量深度

1. 调高度

划线前,根据零件的划线高度,调好高度游标卡尺刻度,拧紧固定螺钉锁紧,如图 2-11 所示。

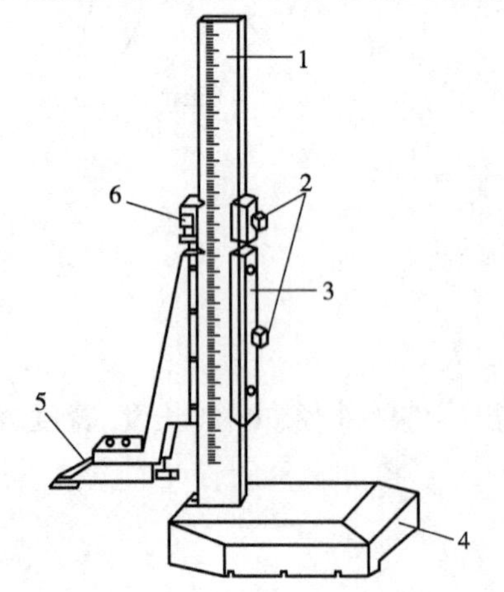

图 2-10　高度游标卡尺

1-主尺;2-固定螺钉;3-副尺;4-底座;5-划刀(测爪);6-微调装置

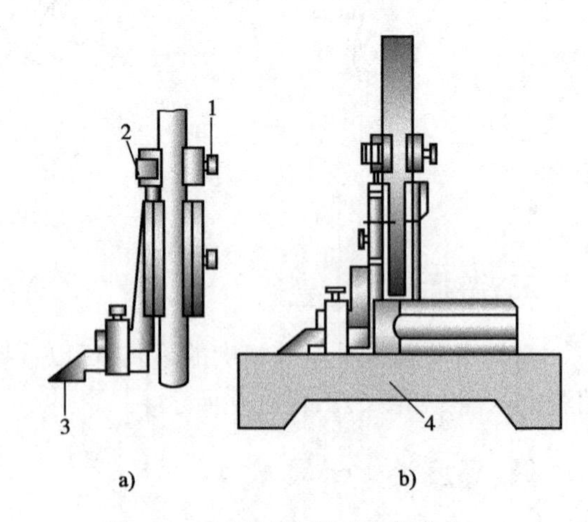

图 2-11　高度游标卡尺对零(调高度)

1-固定螺钉;2-微调螺钉;3-划刀测量面;4-平板

2. 划线

用高度游标卡尺划线，如图 2-12 所示。

注意：在划线时，应使划刀垂直于零件表面，一次划出。

五、千分尺

千分尺是一种精密量具，精度比游标卡尺高，并且比较灵敏，如图 2-13 所示。一般用来测量精度要求较高的外圆（图 2-14）和长度尺寸（图 2-15）。

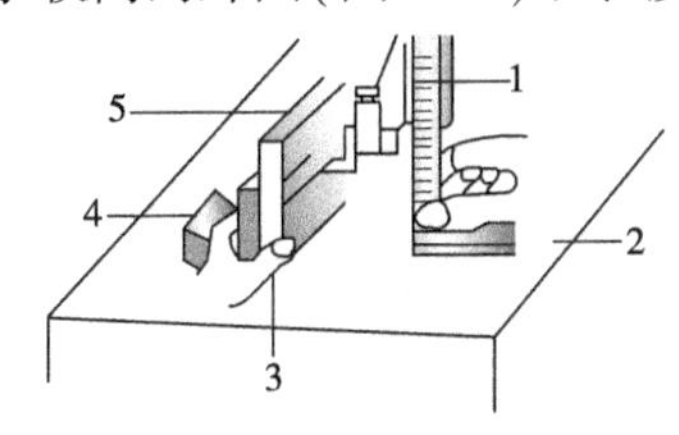

图 2-12　高度游标卡尺划线

1-高度游标卡尺；2-平板；3-基准面；4-靠铁；5-工作

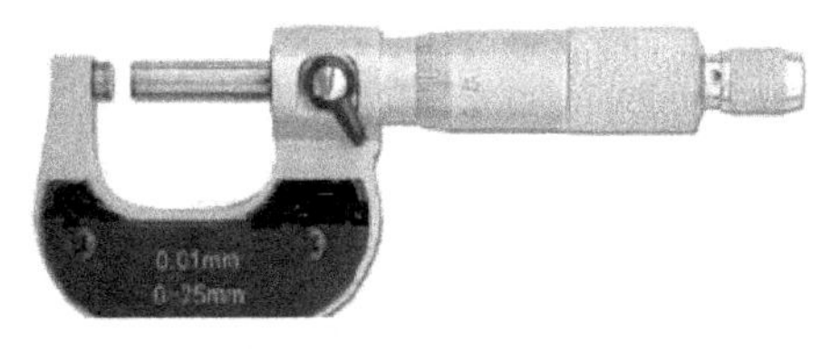

图 2-13　千分尺

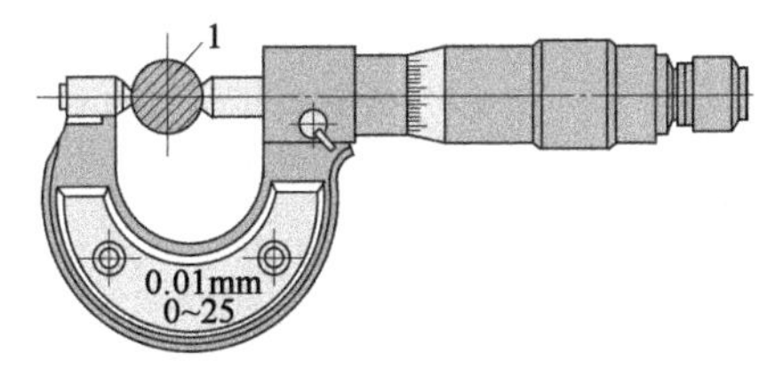

图 2-14　测量零件外径

1-工作

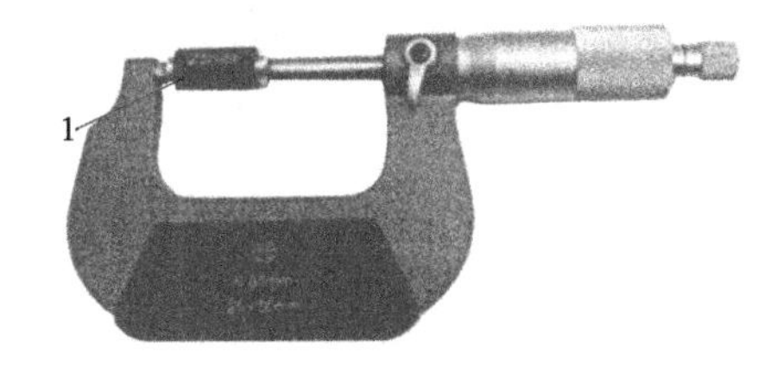

图 2-15　测量零件长度

1-工作

六、百分表

百分表是一种精度较高的量具，它只能测出相对数值，不能测出绝对数值，如图 2-16 所示。它主要用于测量形状和位置误差，也可用于机床上安装零件时的精密找正，如图 2-17 所示。

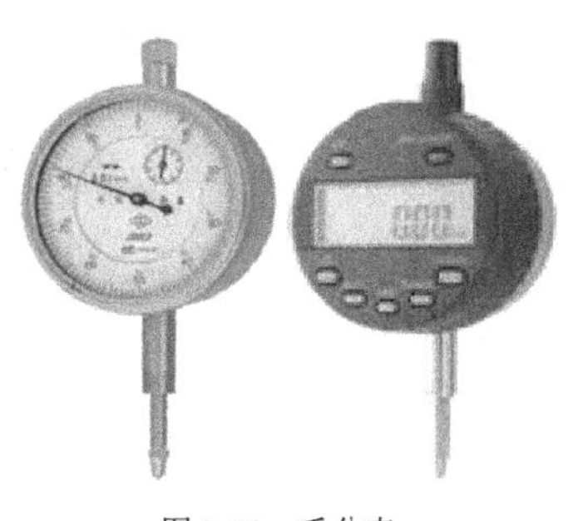

图 2-16　千分表

七、万能游标量角器

万能游标量角器又称角度尺。如图 2-18 所示，是用来测量零件内外角度的量具。游标的分度值可分为 2′和 5′两种。其示值误差分别为 ±2′和 ±5′，测量范围 0° ~ 320°，如图 2-19 所示。

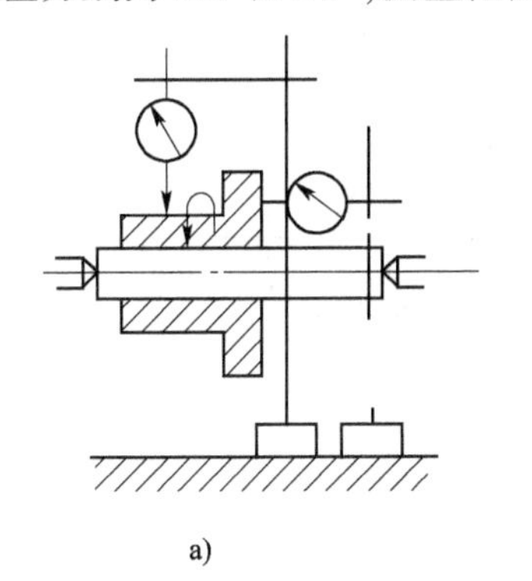

a)

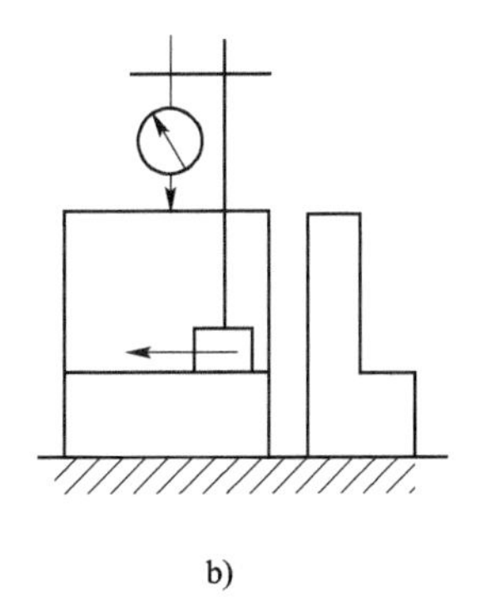

b)

c)

图 2-17　千分表的应用举例

a）测量工件端面、径向跳动；b）测量平行度；c）工件安装找正

八、量块

量块是机械制造业中长度尺寸的标准。如图 2-20 所示,量块可对量具和量仪进行校正检验,也可用于精密设备的调整;与相关测量工具配合使用时,可以测量某些高精度的尺寸。

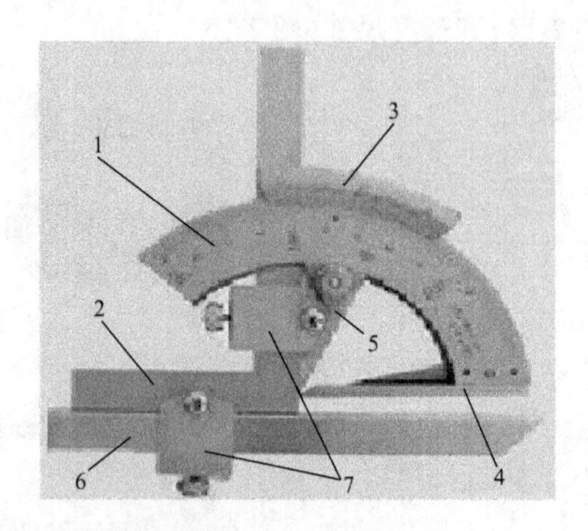

图 2-18　万能游标量角器

1-刻度盘;2-直角尺;3-游标;4-尺边;5-扇形板;6-直尺;7-支架

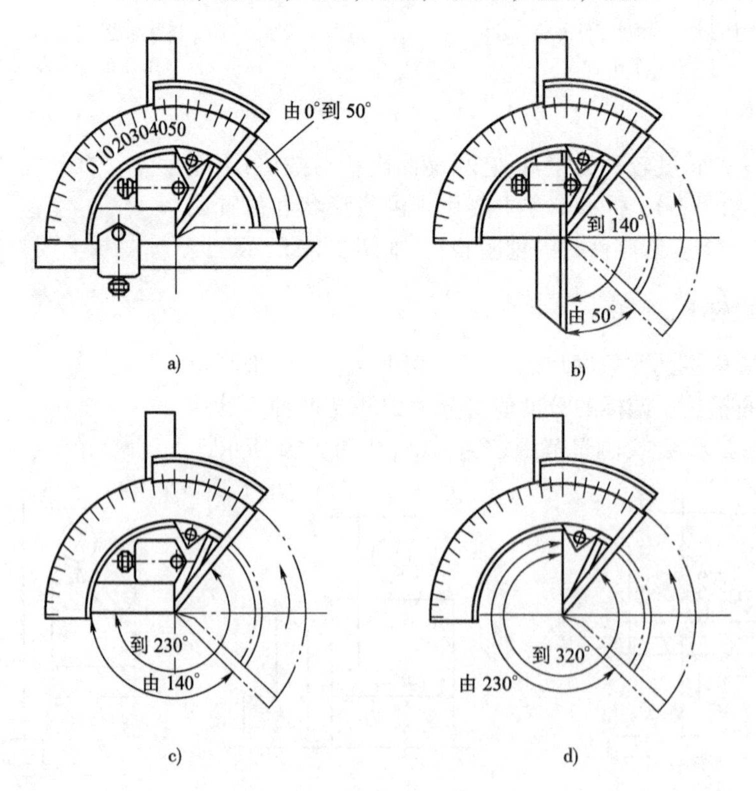

图 2-19　万能游标量角器的使用

a)直角尺和直尺都装上测量范围:0° ~50°;b)只装直尺测量范围:50° ~140°;c)只装直角尺测量范围:140° ~230°;d)直角尺和直尺都不装测量范围:230° ~320°

九、塞尺

塞尺又称厚薄规或间隙片，如图 2-21 所示，是用来测量零件两结合面间隙大小的薄片状量规。使用塞尺时，根据间隙的大小，可用一片或数片叠合在一起插入间隙内进行测量。塞尺的片有的很薄，易弯曲和折断，测量时不能用力太大，且不能测量温度较高的零件。

图 2-20　量块

图 2-21　塞尺

任务三　常用量具的使用

一、游标卡尺

1. 游标卡尺的结构及各部分名称

游标卡尺是一种比较精密的量具，也是机械测量中广泛应用的量具。游标卡尺的外形结构种类较多，如图 2-22 所示常用的带有深度尺的游标卡尺。

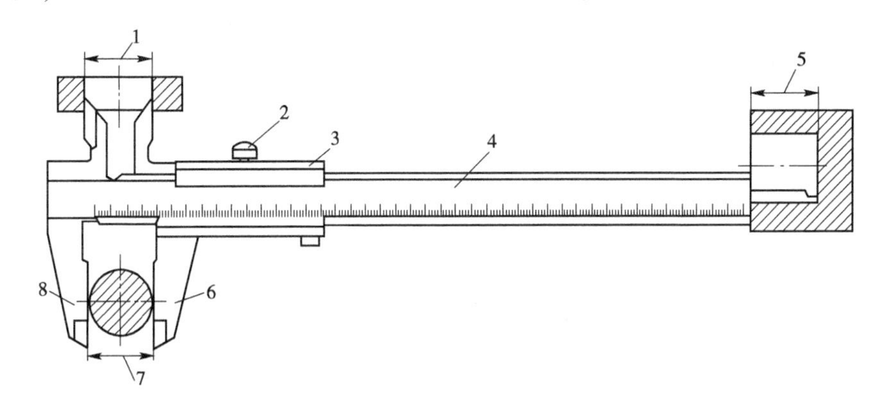

图 2-22　游标卡尺的结构（分度值 0.02mm）

1-测量内表面；2-制动螺钉；3-游标（副尺）；4-主尺；5-测量深度；6-活动卡脚；7-测量外表面；8-固定卡脚

2. 游标卡尺的类型

根据游标卡尺的分度值，游标卡尺有三种：分度值是 0.1mm 的游标卡尺（游标为 10 个刻度）；分度值是 0.05mm 的游标卡尺（游标为 20 个刻度）；分度值是 0.02mm 的游标卡尺（游标为 50 个刻度）。

3. 游标卡尺的刻线原理与读数方法

以刻度值0.02mm的精密游标卡尺为例(图2-22),这种游标卡尺由带固定卡脚的主尺和带活动卡脚的副尺(游标)组成。在副尺上有副尺固定螺钉。主尺上的刻度以mm为单位,每10格分别标以1、2、3等,以表示10mm、20mm、30mm等。这种游标卡尺的副尺刻度是把主尺刻度49mm的长度,分为50等份,即每格为:$\frac{40}{50}=0.98\text{mm}$。主尺和副尺的刻度每格相差:

$$1\text{mm}-0.98\text{mm}=0.02\text{mm}$$

即测量精度(分度值)为0.02mm。

如果用这种游标卡尺测量零件,测量前,主尺与副尺的0线是对齐的,测量时,副尺相对主尺向右移动,若副尺的第1格正好与主尺的第1格对齐,则零件的厚度为0.02mm。同理,测量0.06mm或0.08mm厚度的零件时,应该是副尺的第3格正好与主尺的第3格对齐或副尺的第4格正好与主尺的第4格对齐。

4. 游标卡尺的读数方法分为三步。

(1)根据副尺零线以左的主尺上的最近刻度读出整毫米数。

(2)根据副尺零线以右与主尺上的刻度对准的刻线数乘上分度值读出小数。

(3)将上面整数和小数两部分加起来,即为总尺寸。

$$\text{零件尺寸}=\text{主尺整毫米数}+\text{副尺格数}\times\text{分度值(mm)}$$

凡游标量具均采用上述方法读出测量的实际值。

【例题】 如图2-23所示,副尺0线以左主尺最近整数刻度为64mm,副尺0线后的第9条线与主尺的一条刻线对齐。所以,被测零件的尺寸为:

$$64\text{mm}+9\text{mm}\times0.02=64.18\text{mm}$$

5. 游标卡尺的使用与注意事项

1)游标卡尺的使用方法

量具使用的是否合理,不但影响量具本身的精度,且直接影响零件尺寸的测量精度;如果使用不合理甚至发生质量事故,造成不必要的损失。所以,必须重视量具的正确使用,对测量技术精益求精,务必获得正确的测量结果,确保产品质量。

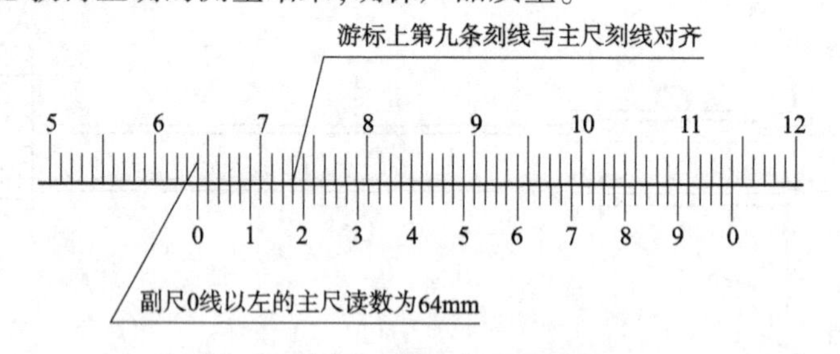

图2-23　0.02mm游标卡尺的读数方法

使用游标卡尺测量零件尺寸时,必须注意以下几点。

(1)测量前应把卡尺擦干净,检查卡尺的两个测量面和测量刃口是否平直无损;把两个量爪紧密贴合时,应无明显的间隙,同时游标和主尺的零位刻线要相互对准。这个过程称为校对游标卡尺的零位。

(2)移动尺框时,活动要自如,不应有过松或过紧,更不能有晃动现象。用固定螺钉固定尺框时,卡尺的读数不应有所改变。在移动尺框时,不要忘记松开固定螺钉,亦不宜过松以免脱落。

(3)当测量零件的外尺寸时,卡尺两测量面的连线应垂直于被测量表面,不能歪斜。测量时,可以轻轻摇动卡尺,放正垂直位置,如图2-24所示。否则,量爪若在如图2-24所示的错误位置上,将使测量结果 a 比实际尺寸 b 要大。绝不可把卡尺的两个量爪调节到接近甚至小于所测尺寸,把卡尺强制卡到零件上去。这样做会使量爪变形,或使测量面过早磨损,使卡尺失去应有的精度。

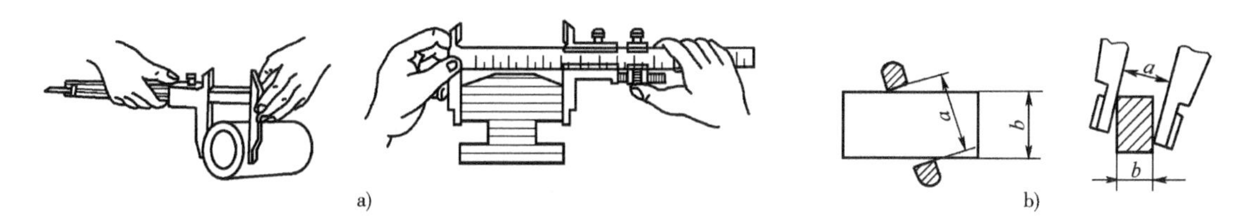

图2-24　测量外尺寸时正确与错误的位置

a)正确;b)错误

测量沟槽时,应当用量爪的平面测量刃进行测量,尽量避免用端部测量刃和刀口形量爪去测量外尺寸。而对于圆弧形沟槽尺寸,则应当用刀口形量爪进行测量,不应当用平面形测量刃进行测量,如图2-25所示。

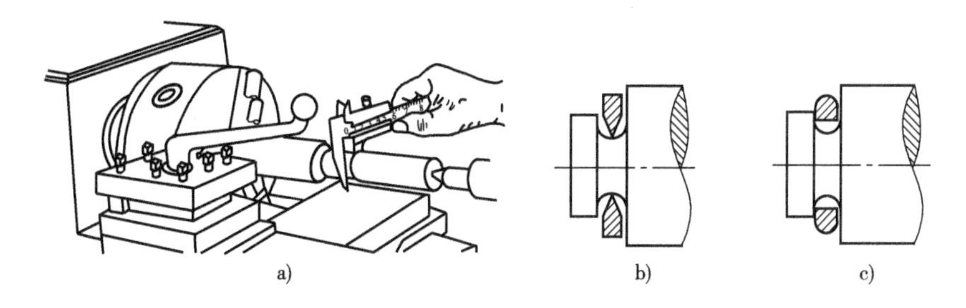

图2-25　测量沟槽时正确与错误的位置

a)原图;b)正确;c)错误

测量沟槽宽度时,也要放正游标卡尺的位置,应使卡尺两测量刃的连线垂直于沟槽,不能歪斜。否则,量爪若在如图2-26所示的错误的位置上,也会使测量结果不准确。

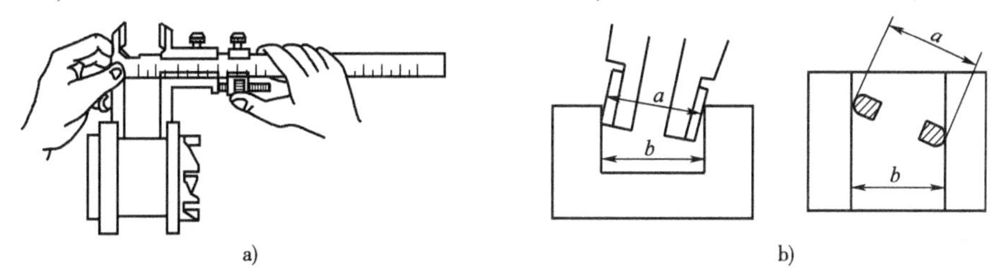

图2-26　测量沟槽宽度时正确与错误的位置

a)正确;b)错误

(4)当测量零件的内尺寸时(图2-27),要使量爪分开的距离小于所测内尺寸,进入零件内孔后,再慢慢张开并轻轻接触工件内表面,用固定螺钉固定尺框后,轻轻取出卡尺来读数。取出量爪时,用力要均匀,并使卡尺沿着孔的中心线方向滑出,不可歪斜,以免量爪扭伤、变形和受到不必要的磨损,同时会使尺框走动,影响测量精度。卡尺两测量刃应在孔的直径上,不能偏歪。图2-28为带有刀口形量爪和

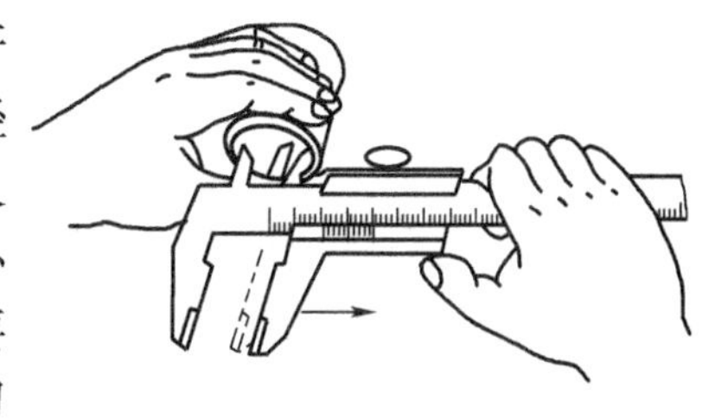

图2-27　内孔的测量方法

带有圆柱面形量爪的游标卡尺在测量内孔时正确的和错误的位置。当量爪在错误位置时，其测量结果比实际孔径 D 要小。

(5)用游标卡尺测量零件时，不允许过分施加压力，所用压力应使两个量爪刚好接触零件表面。如果测量压力过大，不但会使量爪弯曲或磨损，且量爪在压力作用下产生弹性变形，使测量得的尺寸不准确(外尺寸小于实际尺寸，内尺寸大于实际尺寸)。

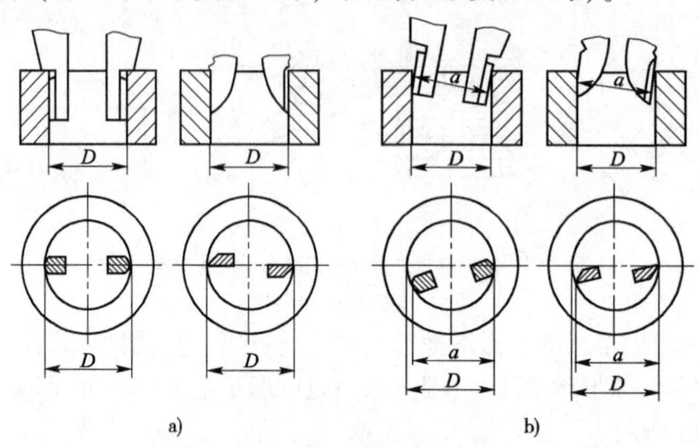

图 2-28　测量内孔时正确与错误的位置

a)正确；b)错误

在游标卡尺上读数时，应把卡尺水平的拿着，朝着亮光的方向，使人的视线尽可能和卡尺的刻线表面垂直，以免由于视线的歪斜造成读数误差。

(6)为了获得正确的测量结果，可以多测量几次，即在零件的同一截面上的不同方向进行测量。对于较长零件，则应当在全长的各个部位进行测量，将会获得一个比较正确的测量结果。

2)游标卡尺应用举例

(1)用游标卡尺测量 T 形槽的宽度。用游标卡尺测量 T 形槽的宽度，如图 2-29 所示。测量时，将量爪外缘端面的小平面贴在零件凹槽的平面上，用固定螺钉把微动装置固定，转动调节螺母，使量爪的外测量面轻轻地与 T 形槽表面接触，并放正两量爪的位置（可以轻轻地摆动一个量爪，找到槽宽的垂直位置)，读出游标卡尺的读数，可以用图 2-29 中 A 表示。但由于它是用量爪的外测量面测量内尺寸的，卡尺上所读出的读数 A 是量爪内测量面之间的距离，因此必须加上两个量爪的厚度 b，才是 T 形槽的宽度。所以，T 形槽的宽度 $L=A+b$。

(2)用游标卡尺测量孔中心线与侧平面之间的距离。用游标卡尺测量孔中心线与侧平面之间的距离 L 时，先要用游标卡尺测量出孔的直径 D，再用刃口形量爪测量孔的壁面与零件侧面之间的最短距离，如图 2-30 所示。

此时，卡尺应垂直于侧平面，且要找到它的最小尺寸，读出卡尺的读数 A，则孔中心线与侧平面之间的距离为：

$$L = A + \frac{D}{2}$$

(3)用游标卡尺测量两孔的中心距。用游标卡尺测量两孔的中心距有两种方法：一种测量方法是：先用游标卡尺分别量出两孔的内径 D_1 和 D_2，再量出两孔内表面之间的最大距离 A，如图 2-31 所示，则两孔的中心距离为：

$$L = A - \frac{1}{2}(D_1 + D_2)$$

另一种测量方法是：先分别量出两孔的内径 D_1 和 D_2，然后用刀口形量爪量出两孔内表面之间的最小距离 B，则两孔的中心距：

$$L = B + \frac{1}{2}(D_1 + D_2)$$

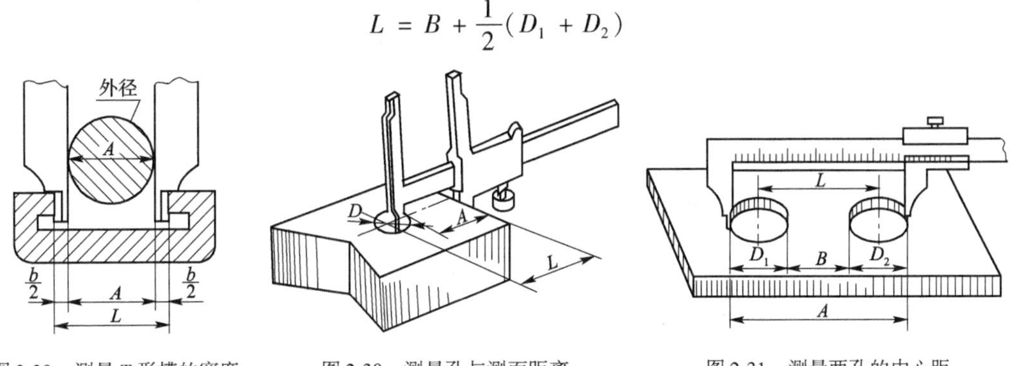

图 2-29　测量 T 形槽的宽度　　图 2-30　测量孔与测面距离　　图 2-31　测量两孔的中心距

3）游标卡尺的发展

游标卡尺都存在一个共同的问题，就是读数不很清晰，容易读错。

随着科技的发展，装有测微表的带表卡尺（图 2-32），读数准确，提高了测量精度；更有一种带有数字显示装置的游标卡尺（图 2-33），这种游标卡尺在零件表面上量得尺寸时，就直接用数字显示出来，其使用极为方便。

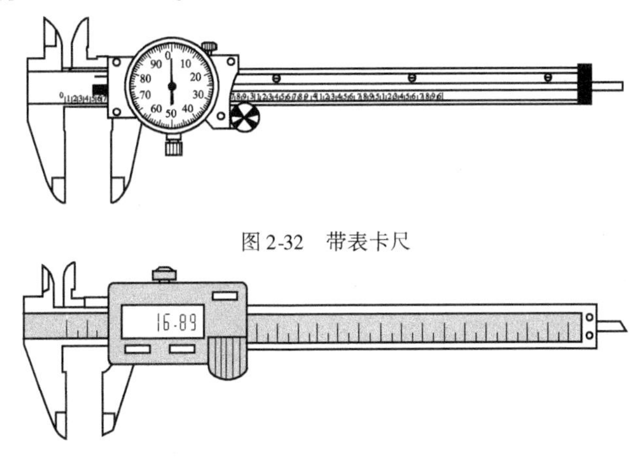

图 2-32　带表卡尺

图 2-33　数字显示游标卡尺

二、千分尺

千分尺是比游标卡尺更为精确的测量工具，其测量准确度为 0.01mm。千分尺有外径千分尺、内径千分尺和深度千分尺几种。外径千分尺按其测量范围有：0 ~ 25mm，25 ~ 50mm，50 ~ 75mm，75 ~ 100mm，100 ~ 125mm 等多种规格。

1. 外径千分尺的结构和工作原理

外径千分尺主要由尺架 1、测微螺杆 3、微分筒 6、测力装置 7 和锁紧装置 8 等部分组成，如图 2-34 所示。尺架为一弓形零件，其余组成部分装在尺架上。测微装置由 3、4、5、6 等零件组成。顺时针转动微分筒 6 时，在螺纹作用下，测微螺杆 3 向左移动，其端面与测砧 2 的端面分别与被测量零件的测量面接触时，便可进行测量并读出测量数值。测力装置 7 起控制对被测零件施加的测量力并保持恒定的作用。锁紧装置 8 起锁紧测微螺杆 3 位置的作用。

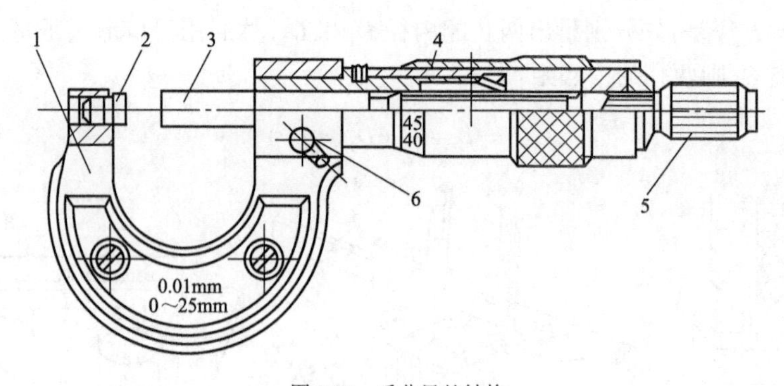

图 2-34　千分尺的结构

1-尺架;2-测码;3-测微螺杆;4-微分筒;5-测力装置;6-锁紧装置

2. 刻线原理

千分尺上的固定套商和活动套筒(微分套筒)相当于游标卡尺的主尺和副尺。固定套筒在轴线方向上刻有一条中线,中线的上、下方各刻一排刻线,刻线每小格为1mm,上、下两排刻线相互错开0.5mm;在活动套筒左端圆周上有50等分的刻度线。由于测量螺杆的螺距为0.5mm,即螺杆每转1周,轴向移动0.5mm,因此活动套筒上每一小格的读数值为0.5mm/50 = 0.01mm。当千分尺的螺杆左端与砧座表面接触时,活动套筒左端的边线与轴向刻度线的零线重合,同时圆周上的零线应与中线对准。

3. 读数方法

千分尺的读数方法可分为三步:

(1)读出固定套筒上的尺寸,即固定套筒上露出的刻线尺寸。

注意:应不可遗漏地读出0.5mm的刻线值。

(2)读出活动套筒上的尺寸。要看清活动套筒圆周上哪一格与固定套筒的中线对齐。将格数乘0.01 mm即得活动筒管上的尺寸。

(3)将上面两个读数相加,即为千分尺上测得的尺寸。

图2-35是在千分尺上读尺寸的实例。

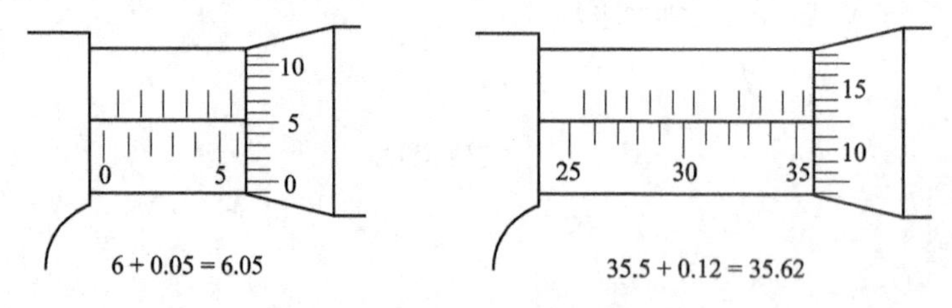

图 2-35　在千分尺上读尺寸的实例

4. 使用方法

千分尺的使用方法如图2-36所示。其中,图2-36a)是测量小零件外径的方法,图2-36b)是在机床上测量零件的方法。

5. 注意事项

(1)使用前,应将千分尺的两个测量面擦拭干净,然后校对零位。如果零位不准,必须加以调整。

(2)使用前,应检查千分尺转动部位的转动是否灵活,发现卡住或转动不灵活等毛病应及时送检。

(3)被测零件应在测量前擦拭干净。

(4)测量时,先转动微分套筒,当两测量面即将接触零件表面时,应停止转动微分套筒,而只转动测力装置。当听到棘轮发出“嘎嘎”声音时,表示棘轮已经停止进给,两测量面已得到应有的压力,此时即可读数。禁止用力转动微分套筒来增加测量压力,否则轻者会使千分尺零位改变,重者会使测微螺杆变形。

(5)严禁将千分尺作为卡规使用。

(6)不允许用千分尺测量未经加工的粗糙表面,更不能在零件转动时测量。

(7)为使测量结果准确,测量时应使测量杆与测量尺寸方向一致,不要歪斜。同一零件尺寸,应在不同位置上多测量几次。

(8)读数时要注意,提防少读0.5mm。

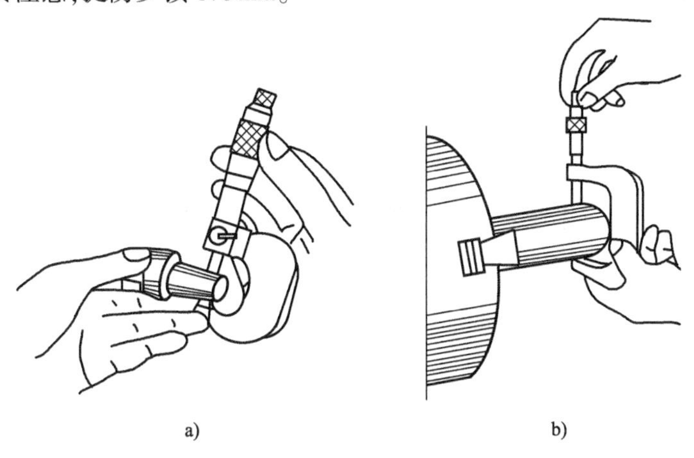

图2-36　千分尺的使用方法

任务四　量具的维护和保养

正确地使用精密量具是保证零件质量的重要条件之一。要保持量具的精度和它工作的可靠性,除了在使用中要按照合理的使用方法进行操作以外,还必须做好量具的维护和保养工作。

(1)在机床上测量零件时,要等零件完全停稳后进行,否则不但使量具的测量面过早磨损而失去精度,且会造成事故。

(2)测量前应把量具的测量面和零件的被测量表面都要揩干净,以免因有污物存在而影响测量精度。用精密量具,如游标卡尺、千分尺和百分表等,测量锻铸件毛坯,或带有研磨剂(如金刚砂等)的表面是错误的,这样易使测量面很快磨损而失去精度。

(3)量具在使用过程中,不要与工具、刀具,如锉刀、榔头、车刀和钻头等堆放在一起,以免碰伤量具;也不要随便放在机床上,以免因机床振动而使量具掉下来损坏,尤其是游标卡尺等,应平放在专用盒子里,以免使尺身变形。

(4)量具是测量工具,绝对不能作为其他工具的代用品。例如,拿游标卡尺划线,拿千分尺当小榔头,拿钢直尺当螺丝刀旋螺钉,以及用钢直尺清理切屑等都是错误的。把量具当玩具,如把千分尺等拿在手中任意挥动或摇转等也是错误的,都是易使量具失去精度。

(5)温度对测量结果影响很大,零件的精密测量一定要使零件和量具都在20℃的情况下进行测量。一般可在室温下进行测量,但必须使零件与量具的温度一致,否则,由于金属材料的热胀冷缩的特性,使测量结果不准确。

温度对量具精度的影响亦很大。量具不应放在阳光下或床头箱上,因为量具温度升高后,也量不出正确尺寸。更不要把精密量具放在热源(如电炉,热交换器等)附近,以免使量具受热变形而失去精度。

(6)不要把精密量具放在磁场附近,例如磨床的磁性工作台上,以免使量具感磁。

(7)发现精密量具有不正常现象时,如量具表面不平、有毛刺、有锈斑以及刻度不准、尺身弯曲变形、活动不灵活等,使用者不应当自行拆修,更不允许自行用榔头敲、锉刀锉、砂布打光等粗糙办法修理,以免增大量具误差。

(8)量具使用后,应及时擦干净,除不锈钢量具或有保护镀层者外,金属表面应涂上一层防锈油,放在专用的盒子里,保存在干燥的地方,以免生锈。

(9)精密量具应实行定期检定和保养,长期使用的精密量具,要定期进行保养和检定精度,以免因量具的示值误差超差而造成产品质量事故。

任务五　常用量具技能训练

一、实训内容

(1)用钢直尺测量零件。

(2)用游标卡尺测量零件的内径、外径、中心距、宽度、长度和深度。

(3)用外径千分尺测量零件。

二、器材准备

钢直尺、游标卡尺和千分尺各一把,废旧的零件若干。

三、实训步骤

(1)练习钢直尺在有平台、没有平台和用“10mm”分度线作为工作端边的三种操作方法。

(2)练习使用游标卡尺测量零件的尺寸。在使用前,要进行游标卡尺校准零位和检测两测量面;测量结束后,要拧紧制动螺钉,然后将游标卡尺脱离零件后再开始读数。

(3)练习千分尺的使用。在使用前,要进行千分尺的校准零位操作;测量过程中,当千分尺的测量面刚接触到零件表面时改用测力手柄,直到听到测力控制装置发出“嘎嘎”声,再停止转动开始读数。

(4)将测量结果记录于表2-2中。

测 量 结 果　　表2-2

测 量 工 具	测 量 次 数			测量平均值	精度比较
	1	2	3		
钢直尺					
游标卡尺					
千分尺					

思考题

1. 常用量具按其用途和特点可分哪几类？

2. 游标卡尺如何读数？0.05mm 与 0.02mm 游标卡尺的副尺刻度各应如何表示？如何正确使用游标卡尺？

3. 外径千分尺如何读数？为什么能够读到 0.01mm？如何正确使用千分尺？

4. 试读出测量精度为 0.1mm 游标卡尺[图 2-37a)]和千分尺[图 2-37b)]在图示位置的测量数值。

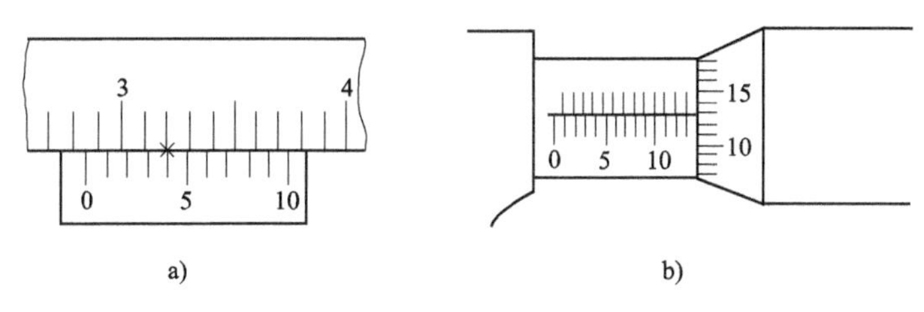

图 2-37　游标卡尺和千分尺的测量

项目三 钳工划线

Z 知识目标

了解钳工划线的作用及相关知识;掌握钳工基本线条的划法。

N 能力目标

能用钳工常用划线工具进行划线操作。

S 素质目标

培养学生探索研究的精神。

任务一 了解钳工划线常识

一、划线的概念

划线是根据图样的尺寸要求,用划线工具在毛坯或半成品上划出待加工部位的轮廓线(或称加工界线)或作为基准的点、线的一种操作方法。

划线是钳工操作中一项复杂、细致的重要工作。划线的质量直接影响到零件的加工精度和质量,如果划线误差太大,会造成整个零件的报废。因此,划线应该按照图纸的要求,在零件的表面,准确地划出加工界线。

二、划线的分类

划线分为平面划线和立体划线。只需在一个平面上划线,就能明确表示加工界线的,称为平面划线,如图 3-1 所示。同时,要在零件上几个不同表面上(通常是相互垂直的表面)都划线,才能明确表示加工界线的,称为立体划线。如图 3-2 所示,单件及中小批量生产中的铸、锻件毛坯和形状较复杂的零件,在切削加工前通常均需要划线。

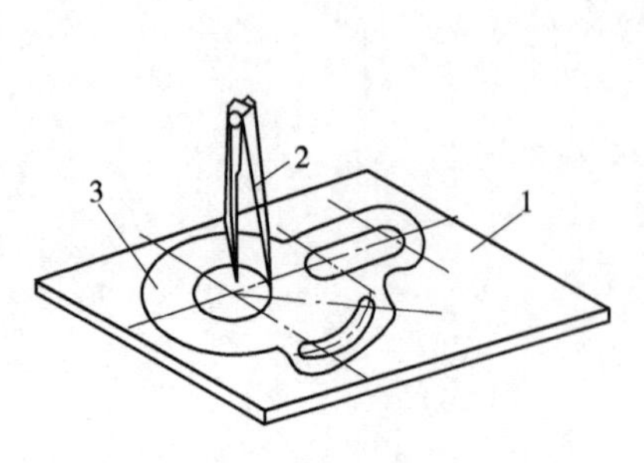

图 3-1 平面划线
1-划线工作;2-划规;3-划的图形

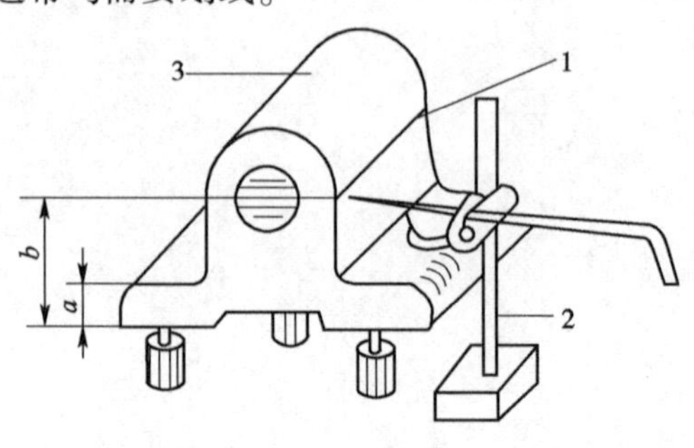

图 3-2 立体划线
1-划的线;2-划针盘;3-工作

三、划线的作用

(1)确定零件上各加工面的加工位置和加工余量。

(2)可全面检查毛坯的形状和尺寸是否满足加工要求。

(3)当在坯料上出现某些缺陷的情况下,往往可通过划线时的“借料”方法,起到一定的补救作用。

(4)在板料上划线下料,可合理安排和节约使用材料。

任务二　常用钳工划线工具的使用

一、划线平台

划线平台又称平板,是用来安放零件和划线工具,并在其工作表面上完成划线过程的基准工具,如图 3-3 所示。安装平板时,必须使表面保持水平,应随时保持表面清洁,防止重物撞击。

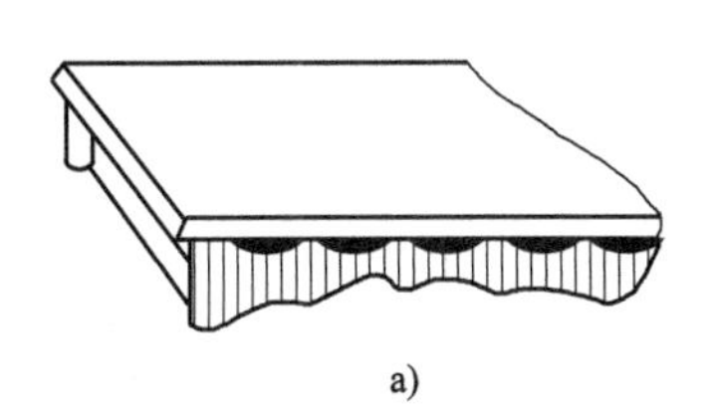

a)

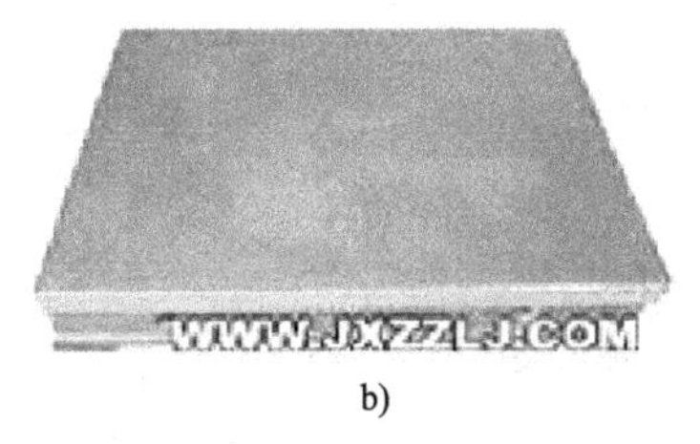

b)

图 3-3　划线平台

二、划线方箱

划线方箱通常带有 V 形槽并附有夹持装置,用于夹持尺寸较小而加工面较多的零件。如图 3-4 所示,通过翻转方箱,实现一次安装后在几个表面的划线工作。

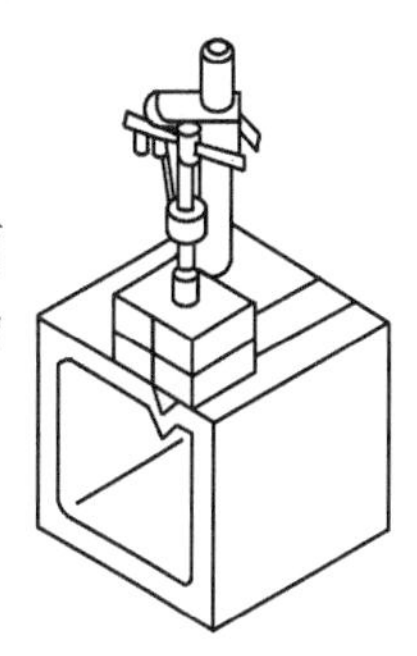

图 3-4　划线方箱

三、V 形铁

V 形铁一副两块,主要用于轴、套筒等圆形零件,以确定圆心并画出中心线,如图 3-5 所示。

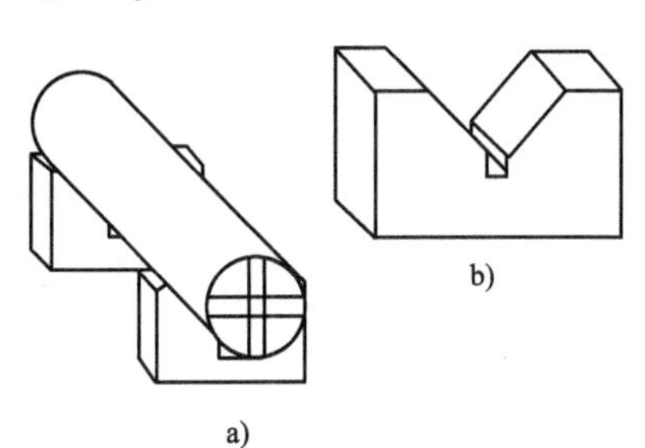

a)

b)

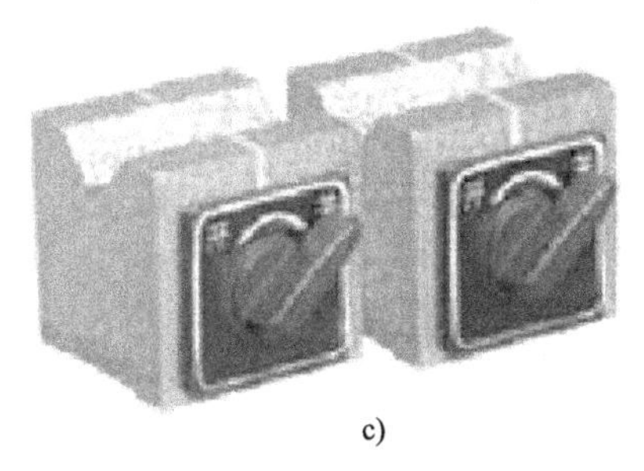

c)

图 3-5　V 形铁

四、角铁

角铁又称弯板，有两个经过精加工的相互垂直的平面，面上的孔或槽用于穿螺栓并配合搭板来固定零件，如图 3-6 所示。

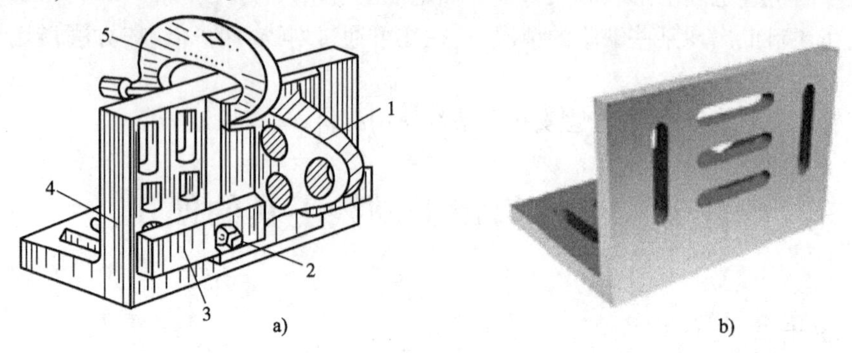

图 3-6 角铁

1-工作；2-螺栓；3-搭板；4-角铁；5-形夹

五、千斤顶

千斤顶用于支承较大的或形状不规则的零件，常常三个一组使用，高度可以调节，主要适用于不规则零件的划线，如图 3-7 所示。

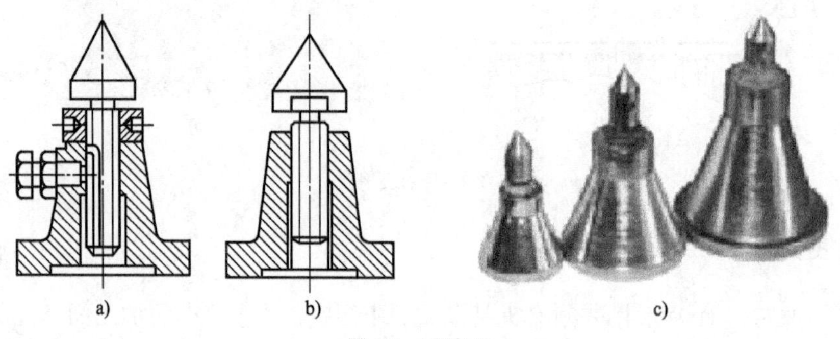

图 3-7 千斤顶

六、划针

划针是直接在零件上划线的工具。一般用 $\phi3 \sim \phi4$ 弹簧钢丝或高速钢制成，尖端磨成 $10° \sim 20°$ 的圆锥，经淬火处理后使用。用划针划线时，一手压紧导向工具，另一手握住划针，使针尖紧贴在导向工具的边缘，上部向外倾斜 $15° \sim 20°$，同时向移动方向倾斜 $45° \sim 75°$，这样既便于观察，又能保证所划线条的准确性，如图 3-8 所示。

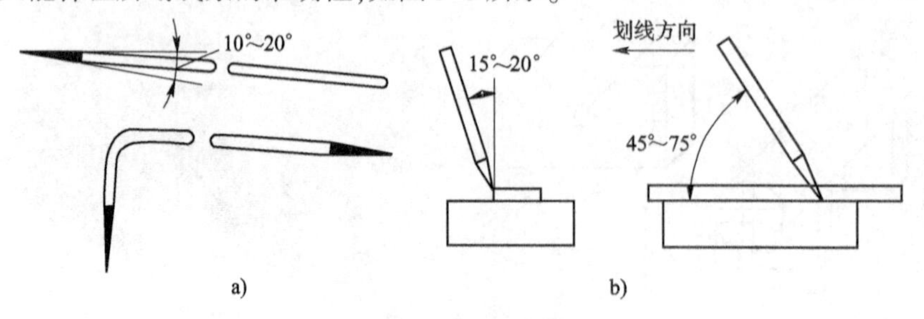

图 3-8 划针及用法

a）划针；b）划针的用法

七、划线盘

划线盘用于在划线平台上对零件进行划线或找正零件位置。使用时，一般用划针的直头端划线，弯头端用于对零件的找正，如图 3-9 所示。

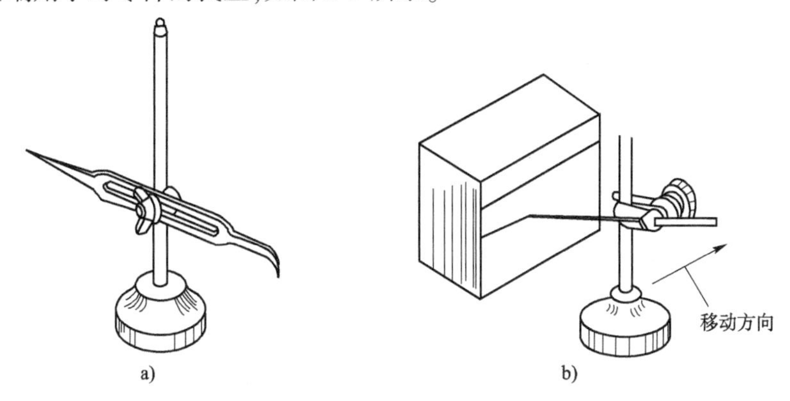

图 3-9 划线盘及使用
a) 划线盘；b) 划线盘的使用

八、划规

划规是用来划圆和圆弧、等分线段和圆，也可用来量取尺寸。钳工用的划规有：普通划规、扇形划规、弹簧划规（图 3-10）和长划规（图 3-11）。

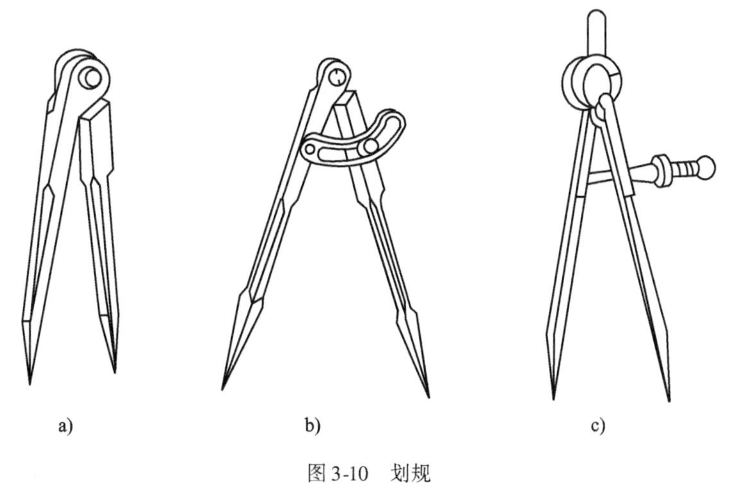

图 3-10 划规
a) 普通划规；b) 扇形划规；c) 弹簧划规

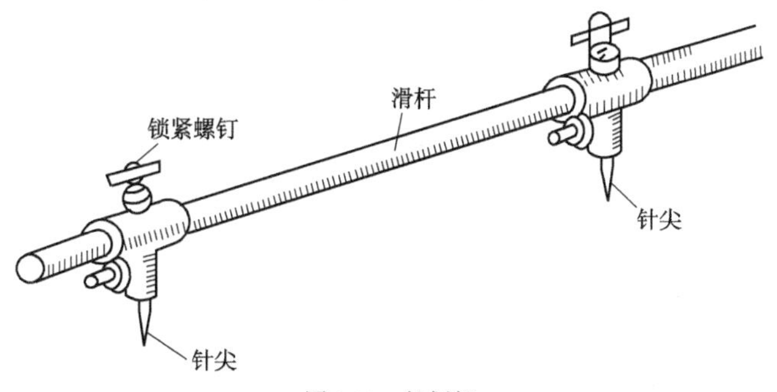

图 3-11 长划规

普通划规因结构简单、制作方便、应用较广。扇形划规因有锁紧装置，两脚间的尺寸较稳定，常用于粗毛坯表面的划线。弹簧划规易于调整尺寸，但用来划线的一脚易滑动，因而只限于在半成品表面划线。长划规专用于划大尺寸圆或圆弧。

九、样冲

样冲由碳素工具钢制成，也可用旧丝锥、铰刀等改制，如图 3-12 所示。样冲的作用是在零件划出的线条上冲眼，使加工界限清晰，避免被擦掉。划圆时，在圆心位置冲眼，可防止划规滑动；钻孔时，冲眼有利于钻头的定位。样冲眼的位置要准确，不能偏离准线条或线条交点，如图 3-13所示。

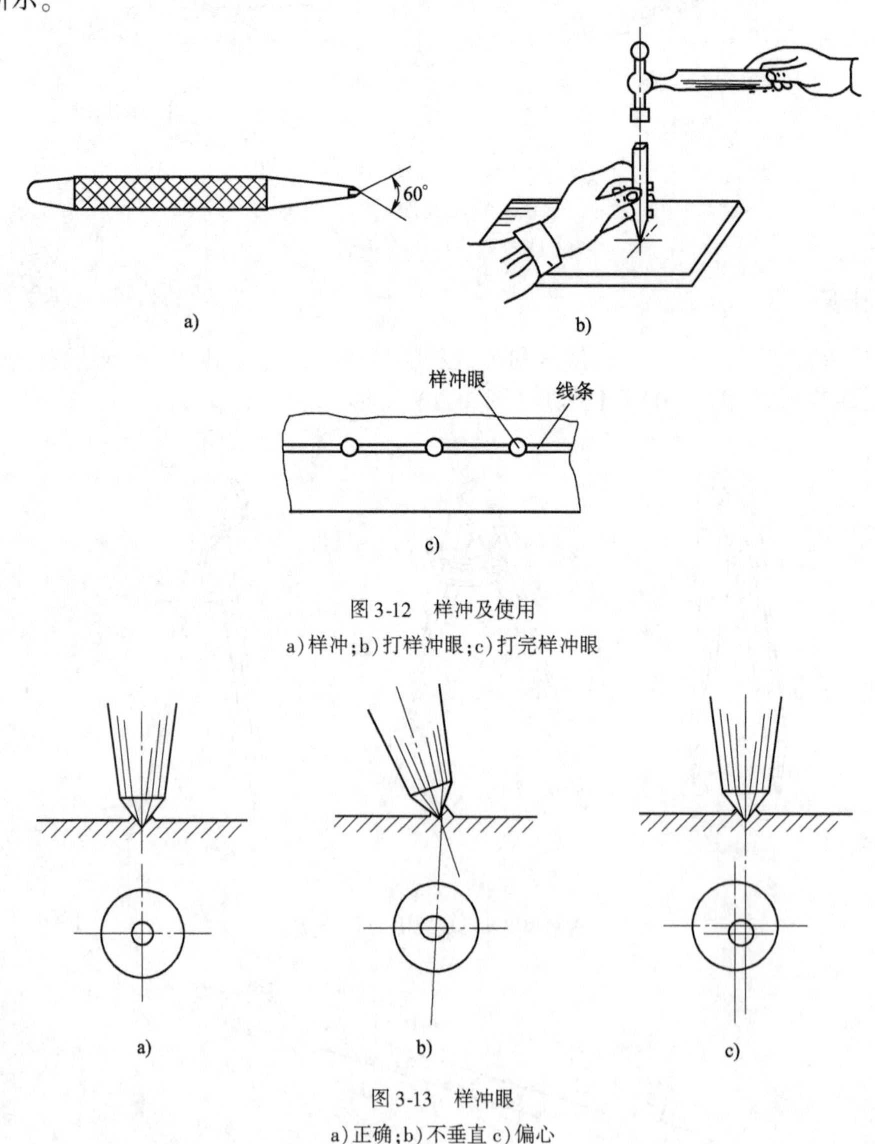

图 3-12 样冲及使用

a)样冲；b)打样冲眼；c)打完样冲眼

图 3-13 样冲眼

a)正确；b)不垂直 c)偏心

十、高度游标卡尺

高度游标卡尺是精密的量具和划线工具，它可以用来测量高度尺寸，其量爪可直接划线。但它只能用于半成品划线，不允许用于毛坯的划线，如图 3-14 所示。

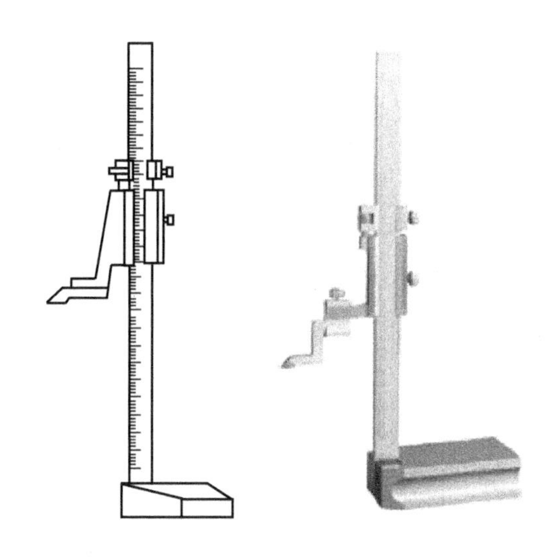

图 3-14　高度游标卡尺

任务三　钳工划线注意事项

一、划线平台使用注意事项

(1)安装时,应使工作表面保持水平位置,以免日久变形。

(2)要经常保持工作面清洁,防止铁屑、砂粒等划伤平台表面。

(3)平台工作面要均匀使用,以免局部磨损。

(4)平台在使用时,严禁撞击和用锤敲击。

(5)划线结束后,要把平台表面擦净,并上油防锈。

二、划针使用注意事项

(1)划线时,针尖要紧靠导向工具的边缘,上部向外侧倾斜 15°～20°的同时,向划线移动方向倾斜 45°～75°。

(2)针尖要保持尖锐,划线要尽量一次完成。

(3)不用时,应按规定妥善放置,以免扎伤自己或造成针尖损坏。

三、划线盘使用注意事项

(1)划线时,划针应尽量处在水平位置,伸出部分应尽量短些。

(2)划线盘移动时,底面始终要与划线平台表面贴紧。

(3)划针沿划线方向与零件划线表面之间的夹角应保持在 45°～75°。

(4)划线盘用毕,应使划针处于直立状态。

四、划规使用注意事项

(1)划规脚应保持尖锐,以保证划出的线条清晰。

(2)用划规划圆时,作为旋转中心的一脚应加较大的压力,另一脚以较轻的压力在零件表面上划出圆或圆弧。

五、样冲使用注意事项

(1)冲眼时,先将样冲外倾,使其尖端对准线的正中,然后再将样冲立直,冲眼。

(2)冲眼应打在线宽之间,且间距要均匀;在曲线上冲眼时,两眼间的距离要小些,在直线上的冲眼距离可大些,但短直线至少有三个冲眼,在线条交叉、转折处必须冲眼。

(3)冲眼的深浅应适当。薄零件或光滑表面冲眼要浅,而孔的中心或粗糙表面冲眼要深。

六、高度游标卡尺使用注意事项

(1)只限于半成品的划线。若在毛坯上划线,易损坏其硬质合金的划线脚。

(2)使用时,应使量爪垂直于零件表面并一次划出,而不能用量爪的两侧尖划线,以免侧尖磨损,降低划线精度。

任务四　钳工划线基本操作

一、划线前的准备工作

(1)划线前,应认真分析图纸的技术要求和零件的工艺规程,合理选择划线基准,确定划线位置,划线步骤和方法。

(2)清理零件上的油污、毛刺、氧化皮及锈斑。

(3)在零件上涂色。为了使划出的线条清晰,一般都需要在零件的划线部位涂上一层涂料,常用的涂料及应用见表3-1。

划线常用涂料　　表3-1

名　称	配制比例	应　用
石灰水	稀糊状石灰水+适量牛皮胶	铸件、锻件毛坯
蓝油	2%~4%龙胆紫+3%~6%虫胶漆91%~97%酒精配制而成	已加工表面
硫酸铜溶液	100g水+1~1.5g硫酸铜和少许硫酸溶液	形状复杂的零件

二、确定划线基准

1. 划线基准及确定的原则

一个零件有很多线条要划,究竟从何开始呢?通常都要遵守一个规则,即从基准开始。基准是零件上用来确定其他点、线、面位置的依据。

平面划线时,通常要选择两个相互垂直的划线基准,而立体划线时,通常需要确定三个相互垂直的划线基准,划线基准确定的原则如下:

(1)划线基准应与设计基准一致,且划线时,必须先从基准线开始。

(2)若零件上有已加工表面,则应以已加工表面为划线基准。

(3)若零件为毛坯,则应选重要孔的中心线等为划线基准。

(4)若毛坯上无重要尺寸,则应选较平整的大平面为划线基准。

2. 常见划线基准类型

常用的划线基准有三种。

(1)以两个相互垂直的平面为基准,如图3-15所示。

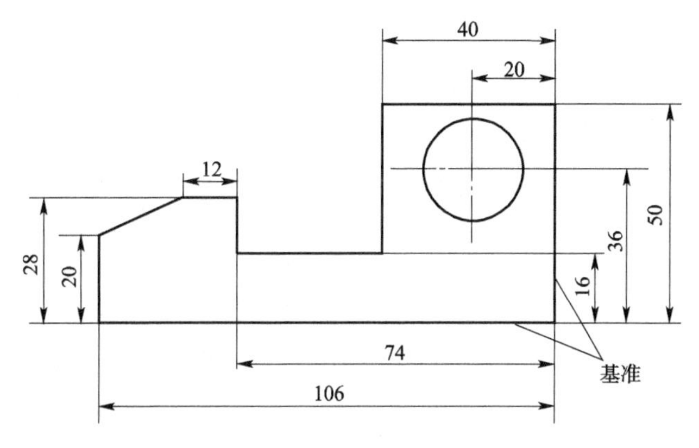

图 3-15　以两个相互垂直的平面为基准(尺寸单位:mm)

(2)以两条相互垂直的中心线为基准,如图 3-16 所示。

(3)以一个平面与一条中心线为基准,如图 3-17 所示。

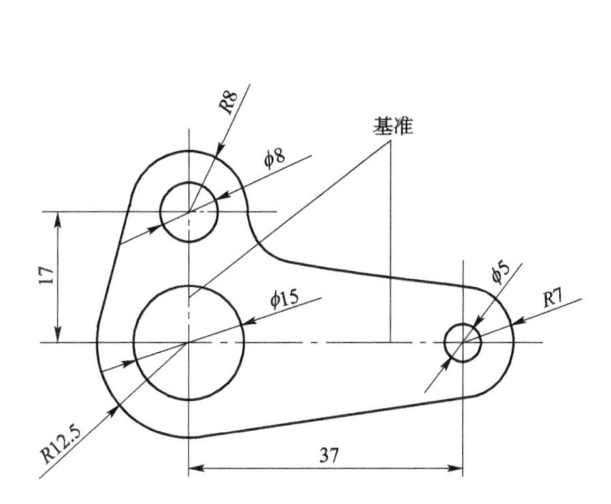

图 3-16　以两条相互垂直的中心线为基准

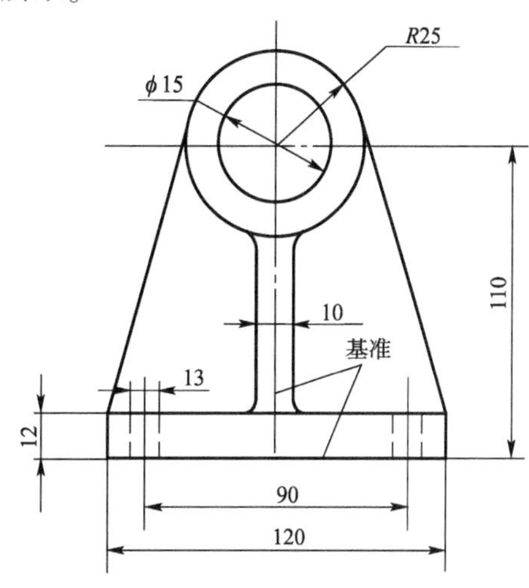

图 3-17　以一个平面和一条对称中心线为基准

三、找正与借料

零件毛坯在铸、锻过程中,由于各种原因,可能造成形状变形、偏心、壁厚不均匀等缺陷,当这些缺陷误差不大时,可通过找正和借料的方法来补救,以提高毛坯的利用率。

1. 找正

找正就是利用划线工具,使零件上与加工表面有关的毛坯表面处于合适的位置。找正应注意以下几点。

(1)要尽量使毛坯的不加工表面与加工表面的厚度均匀。

(2)当毛坯上的表面都为加工表面时,应对各加工表面的自身位置找正后才能划线,使各处的加工余量尽量均匀。

图 3-18,为轴承座毛坯,其毛坯因铸造导致底面与上平面 *A*(*A* 为不加工面)不平行,内孔与外圆不同心。在划底面的加工线时,应以上平面 *A* 为依据找正零件位置,使底座各处厚度均匀;在划内孔加工线时,应以外圆作为找正依据,来确定内孔的中心。

图 3-18　轴承座毛坯的找正

2. 借料

当零件毛坯上的误差或缺陷用找正的方法不能补救时，可采用借料的方法来解决。

借料就是通过对缺陷的零件毛坯试划和调整，使各个待加工面的加工余量合理分配，互相借用，从而保证各个待加工面都有足够的加工余量，可在加工后排除铸、锻件原来存在的误差和缺陷。

图 3-19a）为一圆环形零件图样，其内孔、外圆都需要加工。当毛坯比较精确时，所划线条如图 3-19b）所示。当内孔、外圆偏心量较大时，如以外圆作为找正依据，则内孔的加工余量不足，如图 3-19c）所示；反之，则外圆的加工余量不足，如图 3-19d）所示。因此，只有同时兼顾内孔和外圆的情况下，适当地选择圆心位置，才能保证内孔和外圆都有足够的加工余量，如图 3-19e）所示。

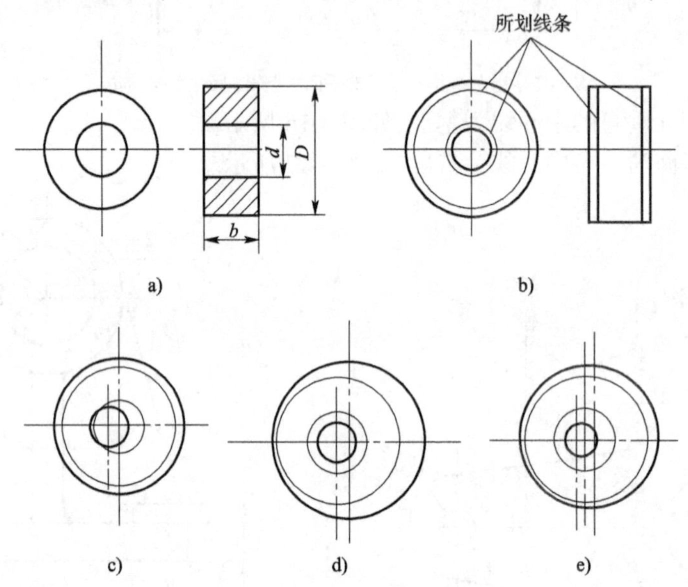

图 3-19　圆环的借料

a）工件图样；b）合格毛坯划线；c）以外圆找正；d）以内孔找正；e）借粒划线

注意：（1）划线时，零件的找正和借料往往是结合起来进行的。

（2）借料也存在局限性，当毛坯误差太大不能补救时，则只能报废。

四、划线

（1）正确安放零件和选用工具.

（2）先划出基准线和位置线，再按水平线、垂直线、角度斜线、圆弧线的顺序依次划线。

（3）按图纸要求检查所划线条的准确性和完整性。

（4）检查无误后，在线条上打上样冲眼。

任务五　钳工划线实例

划线图样如下所示。

1. 划线图样举例（图 3-20）。

2. 划线过程

（1）分析图样尺寸。

（2）准备所用划线工具，并对零件进行清理和在划线表面涂色。

(3)按图 3-20 所示,划连接盘的轮廓线。

①划出两条相互垂直的中心线,作为基准线。

②以两中心线交点为圆心,分别作 $\phi20$、$\phi30$ 圆线。

③以两中心线交点为圆心,作 $\phi60$ 点画线圆,与基准线相交于 4 点。

④分别以与基准线相交的 4 点为圆心作 $\phi8$ 圆 4 个。再在图示水平位置作 $\phi20$ 圆 2 个。

⑤在划线基准线的中心划上下两段 $R20$ 的圆弧线。图 3-19 连接盘,作 4 条切线分别与两个 $R20$ 圆弧线和 $\phi20$ 圆外切。

⑥在垂直位置上以 $\phi8$ 圆心为中心,划两个 $R10$ 半圆。

⑦用 $2 \times R40$ 圆弧外切连接 $R10$ 和 $2 \times \phi20$ 圆弧,用 $2 \times R30$ 圆弧外切连接 $R10$ 和 $2 \times \phi20$ 圆弧。

⑧对照图样检查无误后,打样冲眼。

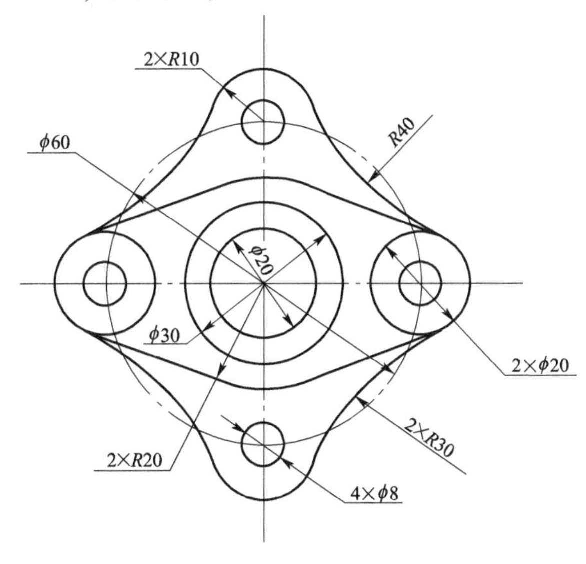

图 3-20　连接盘

任务六　平面划线技能训练

一、实训内容

在平面内作 45°、60°、90°划线和圆内接正方形划线,如图 3-21 所示。

二、器材准备

钢直尺、划针、划规、样冲、锤子各一把,钢板一块。

三、实训步骤

(1)对零件的表面进行清理和对划线的表面进行涂色。

(2)熟悉各种图形的划法,按照图形选取好划线基准及尺寸,最后在钢板上安排其合适的位置。

(3)按照图形的编号及尺寸依次完成划线操作。

(4)对划线尺寸和图形进行复检,确认无误后,在线条上冲眼,样冲眼分布要均匀适中。

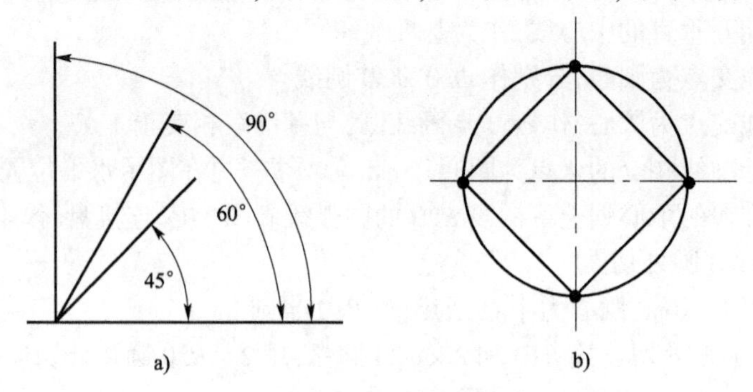

图 3-21　平面划线

a)角度划线;b)正方形划线

思考题

1. 什么是平面划线?什么是立体划线?
2. 划线的作用是什么?
3. 什么是划线基准?
4. 试述划线工作的步骤?
5. 用样冲冲眼要掌握哪些要点?

项目四　锉　削

Z 知识目标

1. 掌握锉刀的选用；
2. 掌握平面的锉削方法及检验方法。

N 能力目标

能正确选用锉刀加工零件。

S 素质目标

培养学生吃苦耐劳的精神。

用锉刀对零件表面进行切削加工，使零件达到零件图样所要求的形状、尺寸和表面粗糙度的加工方法称为锉削。锉削最高加工精度可达 IT8 ~ IT7，表面粗糙度 R_a 可达到 0.8μm。

锉削加工范围十分广泛，可对零件上的平面、曲面、内外圆弧、沟槽以及其他复杂表面进行加工，用于成型样板、模具型腔以及部件、机器装配时的零件修整。是钳工的主要操作方法之一。

任务一　锉 刀 选 用

一、锉刀

锉刀是锉削的主要工具，常用碳素工具钢 T12、T13 制成，并经热处理淬硬至 62 ~ 67HRC。

1. 锉刀的构造

锉刀由锉身和锉刀舌两部分组成，如图 4-1 所示。锉刀面是锉削的主要工作面，锉刀舌则用来装锉刀柄。

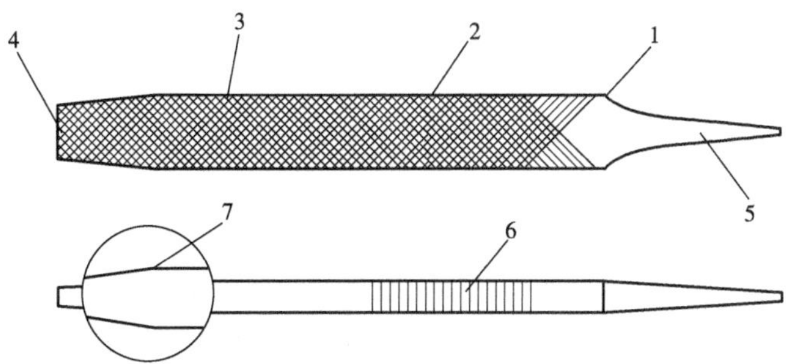

图 4-1　锉刀的构造

1-锉肩；2-锉刀边；3-锉刀面；4-锉梢；5-锉刀舌；6-边锉纹；7-边渡圆弧

2. 锉刀的种类

锉刀按用途不同可分为钳工锉、异形锉和整形锉等；按断面形状不同可分为扁锉、方锉、半圆锉、三角锉、圆锉等，如图 4-2 所示。按锉齿的锉纹密度不同可分为粗齿、中齿和细齿锉刀。按齿纹可分为单齿纹和双齿纹两种。

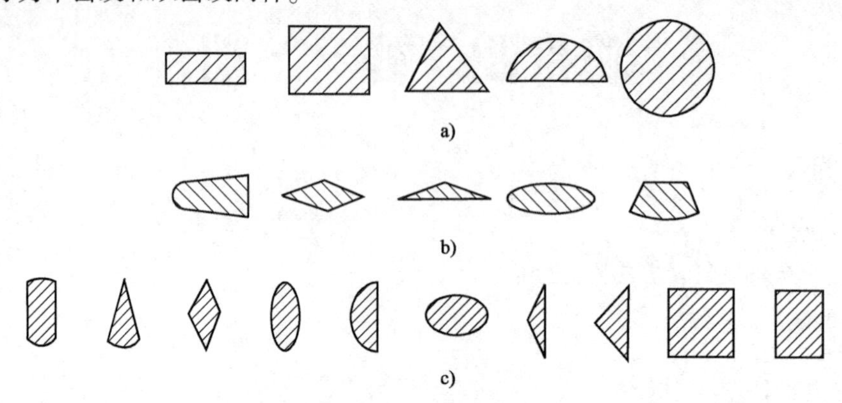

图 4-2　锉刀的断面形状

a)钳工锉断面形状；b)异形锉断面形状；c)整形锉断面形状

3. 各类锉刀的外形及其用途

(1)钳工锉：又称普通锉，如图 4-3 所示。一般需要安装手柄后使用，用于锉削加工金属零件的各种表面。

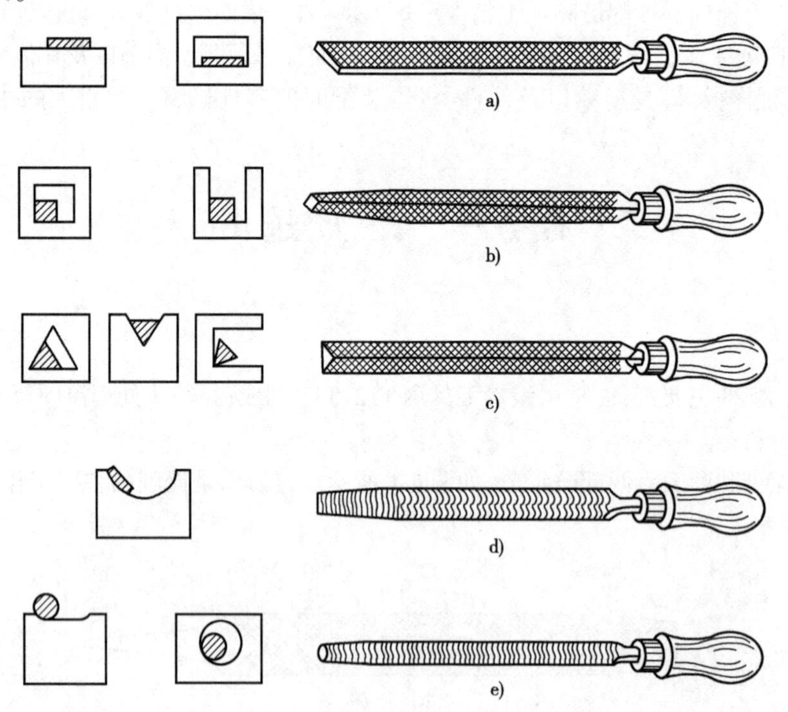

图 4-3　钳工锉

a)平锉及应用示例；b)方锉及应用示例；c)三角锉及应用示例；d)半圆锉及应用示例；e)圆锉及应用示例

(2)整形锉：又称什锦锉。用于对机械、模具、电器和仪表等零件进行整形加工，修整零件上细小部分的尺寸、形位公差和表面粗糙度。可由 5 把、6 把、8 把、10 把或 12 把不同断面形状的锉刀组成一组，如图 4-4 所示。

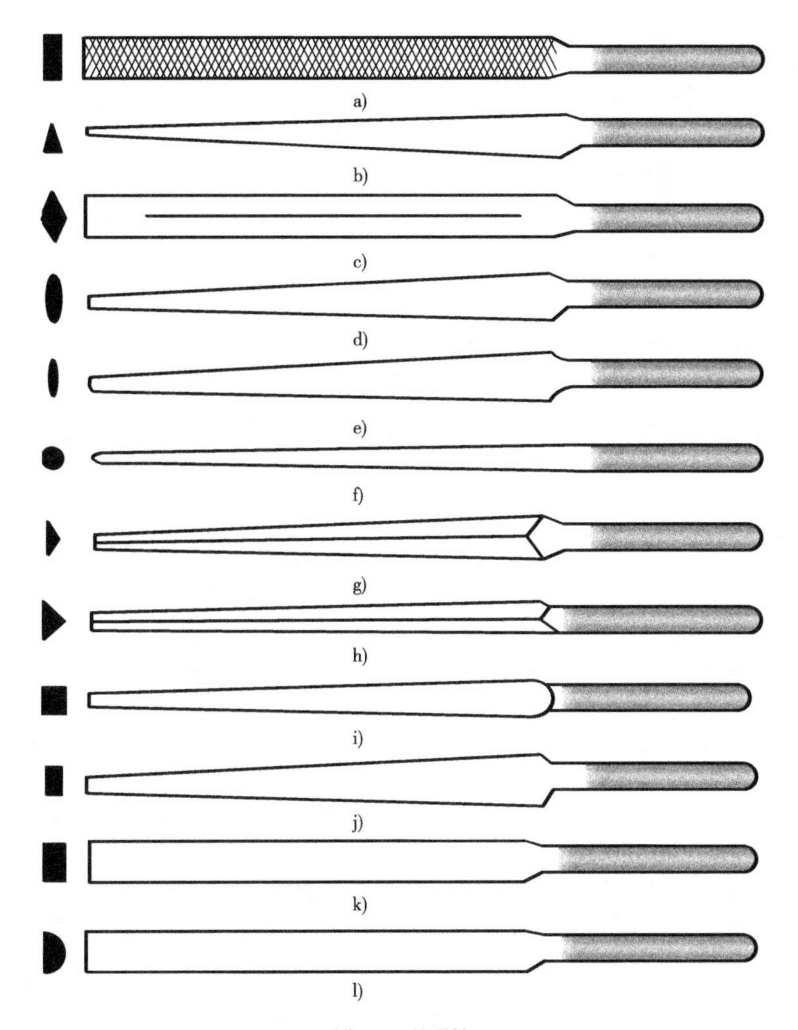

图 4-4　整形锉

(3)异形锉:用于加上零件上特殊表面,有弯的和直的两种,如图 4-5 所示。

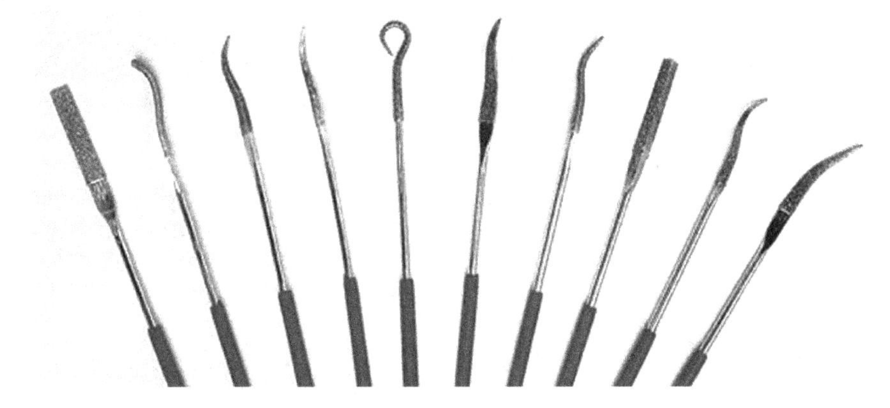

图 4-5　异形锉

二、锉刀的选用

1. 锉刀尺寸规格的选择

不同锉刀的尺寸规格,用不同的参数表示。

(1)圆锉的尺寸规格以直径表示。

(2)方锉的尺寸规格以方形尺寸表示。

(3)其他锉刀是以锉身的长度来表示。

(4)整形锉的规格是指锉刀的全长。

根据待加工表面的大小来选用不同尺寸规格的锉刀。一般待加工面积大和有较大加工余量的表面宜选用长的锉刀,反之则选用短锉刀。

2. 锉齿的选用

锉刀齿的粗细要根据加工零件的余量大小、加工精度、材料性质来选择。粗齿锉刀适用于加工大余量、尺寸精度低、形位公差大、表面粗糙度数值大、材料软的零件;反之应选择细齿锉刀。使用时,要根据零件要求的加工余量、尺寸精度和表面粗糙度的大小来选择。具体选用可参照表4-1。

锉齿的选用　　表4-1

锉纹号	锉齿	适用场合			
		加工余量(mm)	尺寸精度(mm)	表面粗糙度 R_a(μm)	适用对象
1	粗	0.5~1	0.2~0.5	100~25	粗加工或加工有色金属
2	中	0.2~0.5	0.05~0.2	12.5~6.3	加工半精加工
3	细	0.05~0.2	0.01~0.05	6.3~3.2	精加工或加工硬金属
4	油光	0.025~0.05	0.005~0.01	3.2~1.6	精加工时修光表面

3. 锉刀断面形状的选择

锉刀的断面形状应根据被锉削零件的形状来选择,使两者的形状相适应,如图4-6所示。锉削内圆弧面时,要选择半圆锉或圆锉(小直径的零件);锉削内角表面时,要选择三角锉;锉削内直角表面时,可以选用扁锉或方锉等。选用扁锉锉削内直角表面时,要注意使锉刀没有齿的窄面(光边)靠近内直角的一个面,以免碰伤该直角表面。

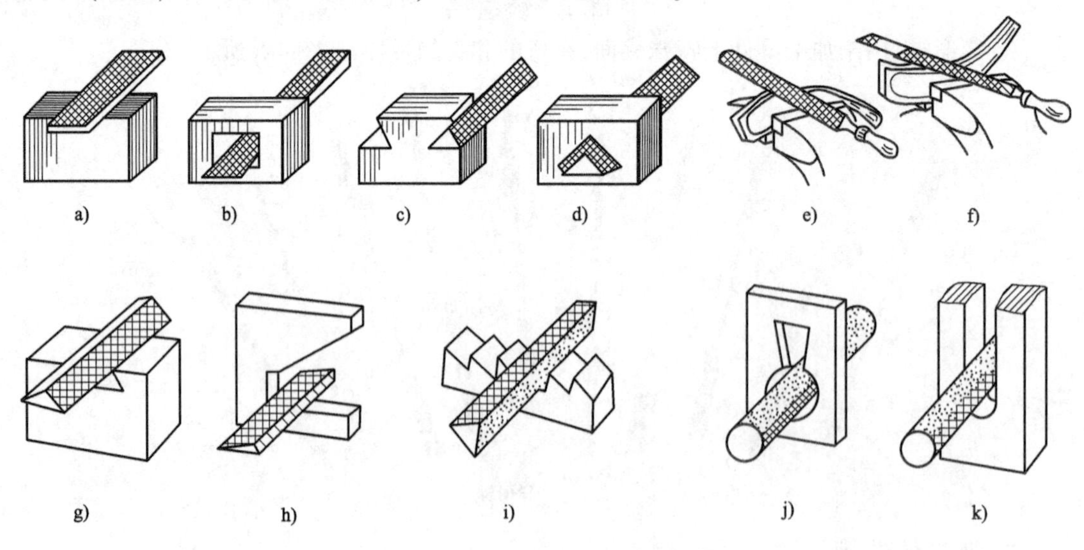

图4-6　不同表面形状锉刀的选择

a)锉平面;b)锉平面;c)锉燕尾面和三角孔;d)锉燕尾面和三角孔;e)锉曲面;f)锉曲面;g)锉内角;b)锉交角;i)锉三角形;j)锉内孔;k)锉内孔

任务二　锉削操作

一、安装和拆卸锉刀手柄的方法

手柄安装时，先将锉刀舌自然插入锉刀柄中，再手持锉刀轻轻镦紧，或用手锤轻轻击打锉刀柄，直至装紧，如图 4-7a）所示。图 4-7b）为错误的安装方法，单手持木柄镦紧，可能会使锉刀因惯性跳出木柄的安装孔而伤手。拆卸手柄时，在台虎钳钳口上轻轻将木柄敲松后取下，如图 4-7c）所示。

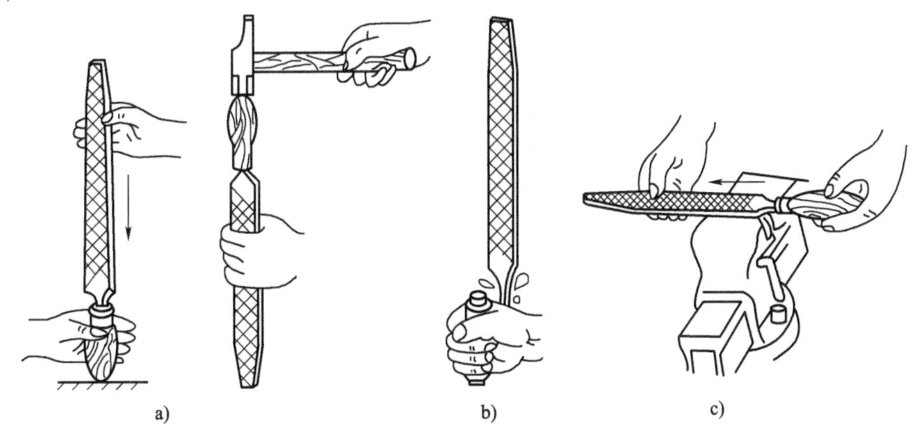

图 4-7　锉刀手柄的安装和拆卸

a）正确安装；b）安装错误；c）拆卸方法

二、零件的夹持

（1）零件尽量夹持在台虎钳钳口宽度方向的中间，夹持要牢靠，但不能使零件变形。

（2）零件伸出钳口不要太高，以免锉削时产生振动。

（3）表面形状不规则的零件，夹持时要加衬垫。

（4）装夹已加工表面和精密零件时，应在台虎钳的钳口上衬上紫铜皮或铝皮等软的衬垫，以防夹伤零件。

三、锉刀的握法

（1）大锉刀（规格在 200 mm 以上）的握法，如图 4-8 所示。用右手握锉刀柄，柄端顶住掌心，大拇指放在柄的上部，其余手指满握锉刀柄。左手在锉削时起扶稳锉刀、辅助锉削加工的作用。

（2）中型锉刀（规格在 200 mm 左右）的握法，如图 4-9 所示。右手握法与大锉刀的握法一致。左手只需用大拇指、食指、中指轻轻扶持锉刀即可。

（3）较小锉刀（规格在 150 mm 左右）的握法，如图 4-10a）所示。右手食指靠近锉边，拇指与其余各指握锉。左手只需食指、中指轻按在锉刀上面即可。

（4）小锉刀（规格在 150 mm 以下）的握法，如图 4-10b）。只需右手握锉，食指压在锉面上，拇指与其余各指握住锉柄。

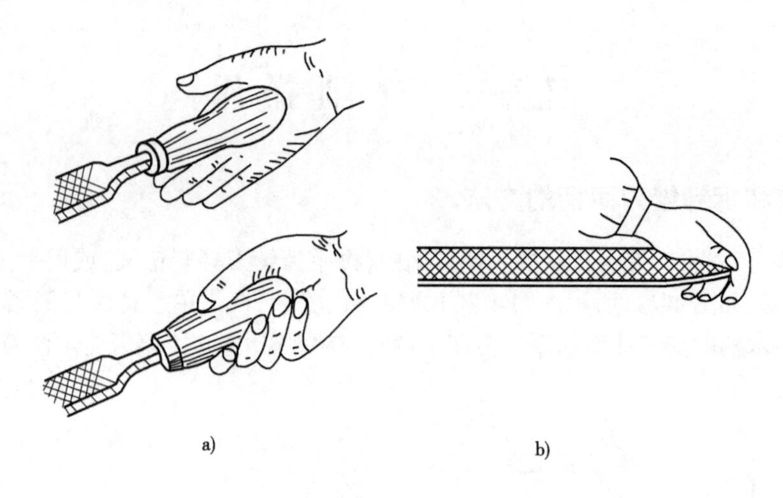

图 4-8　大锉刀的握法

a)右手握法;b)左手握法

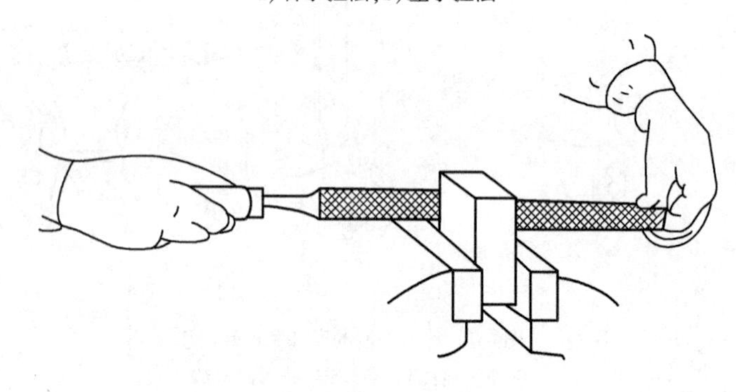
图 4-9　中型锉刀的握法

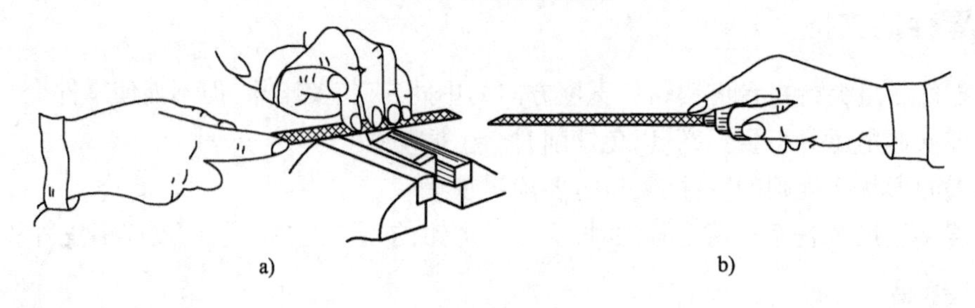

图 4-10　小型锉刀的握法

四、锉削的姿势

1. 站立步位和姿势

两脚分开,站在虎钳中心线左侧,与虎钳的距离按大小臂垂直,端平锉刀,锉刀尖能搭放在零件上来掌握:锉削时左腿弯曲,右腿伸直,身体重心落在左脚上,两脚始终站稳不动,靠左腿的屈伸做往复运动。手臂和身体的运动要互相配合,如图 4-11 所示。

2. 锉削运动

锉削运动,如图 4-12 所示,开始锉削时身体要向前倾斜 10°左右,左肘弯曲,右肘向后。锉刀推出 1/3 行程时身体向前倾斜 15°左右,此时左腿稍直,右臂向前推,推到 2/3 时,身体倾斜到 18°左右,最后左腿继续弯曲,右肘渐直,右臂向前使锉刀继续推进至尽头,身体随锉刀的反作用方向回到15°位置。锉削行程结束时.身体恢复到原来位置,锉刀略提起退回原位。当锉刀收回将近结束,身体又开始前倾,进行第二次锉削。

3. 锉削力的运用(图4-13)

锉削时有两个力,一个是推力、一个是压力,其中推力由右手控制,压力由两手控制,而且,在锉削中,要保证锉刀前后两端所受的力矩相等,即随着锉刀的推进左手所加的压力由大变小,右手的压力由小变大,否则锉刀不稳易摆动。

注意:锉刀只在推进时加力进行切削,返回时,不加力、不切削,把锉刀返回即可,否则易造成锉刀过早磨损;锉削时利用锉刀的有效长度进行切削加工,不能只用局部某一段,否则局部磨损过重,造成寿命降低。

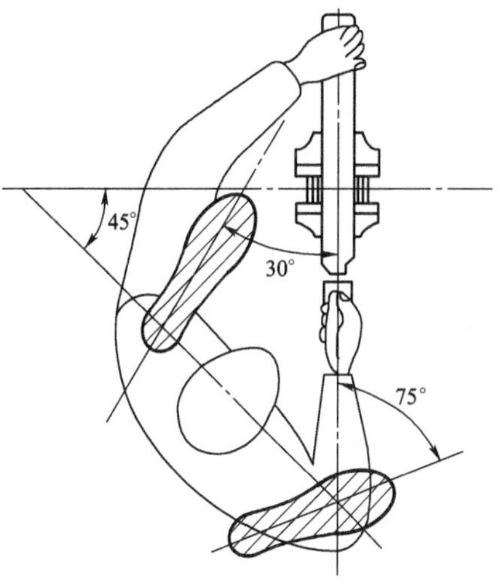

图4-11 锉削时站立步位和姿势

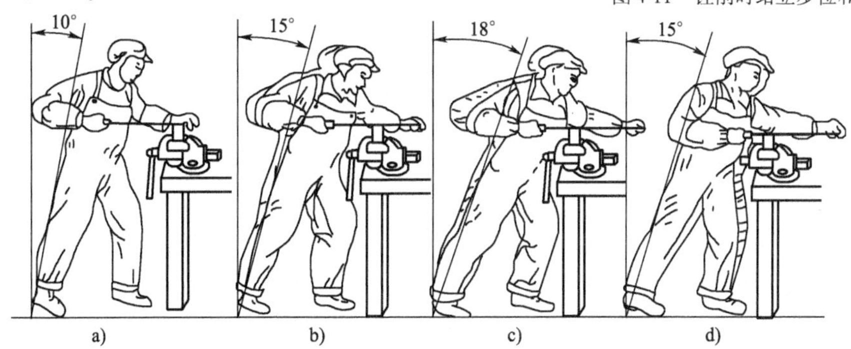

图4-12 锉削运动

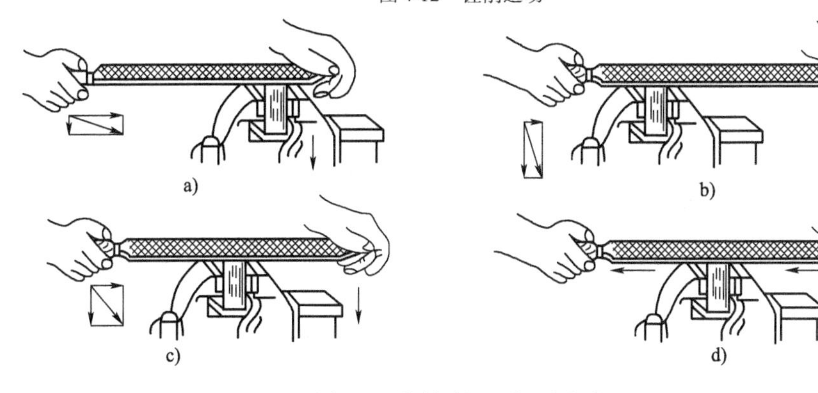

图4-13 锉削时的双手用力方法

4. 锉削速度

一般30~40次/min,速度过快,易降低锉刀的使用寿命。

五、锉削操作方法

1. 平面锉削

(1)锉削方法:可采用顺向锉;交叉锉;推锉。

①顺向锉:顺向锉是最普通的锉削方法。锉刀运动方向与零件夹持方向始终一致,面积不大的平面和最后锉光都是采用这种方法。顺向锉可得到正直的锉痕,比较整齐美观,精锉时常

采用。如图 4-14 所示。

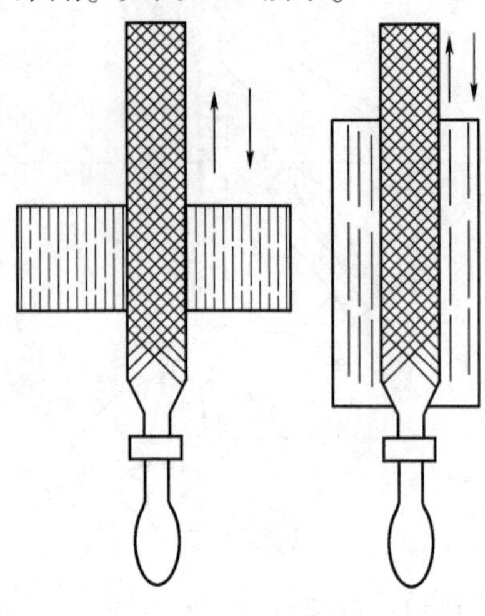

图 4-14　顺向锉

②交叉锉:锉刀与零件夹持方向约呈 35°,且锉痕交叉。交叉锉时锉刀与零件的接触面积增大,锉刀容易掌握平稳,去屑快、效率高。交叉锉一般用于粗锉,如图 4-15 所示。

③推锉:推锉一般用来锉削狭长平面,使用顺向锉法锉刀受阻时使用。推锉不能用于充分发挥手臂的力量,故锉削效率低,只适用于加工余量较小和修整尺寸时,如图 4-16 所示。

(2)检验方法

平面度可用钢直尺或刀口尺的透光法来检验。将尺子测量面沿加工面的纵向、横向和对角方向做多处检查,根据透光强弱是否均匀估计平面度误差,如图 4-17 所示。垂直度可用 90°角尺通过透光法检验。将 90°角尺的短边紧靠基准面 A,长边靠在被测面 B 上观察透光情况,如图 4-18 所示。检查中,当需改变检验位置时,应将 90°角尺提起再轻放,以防磨损直角尺测量面。

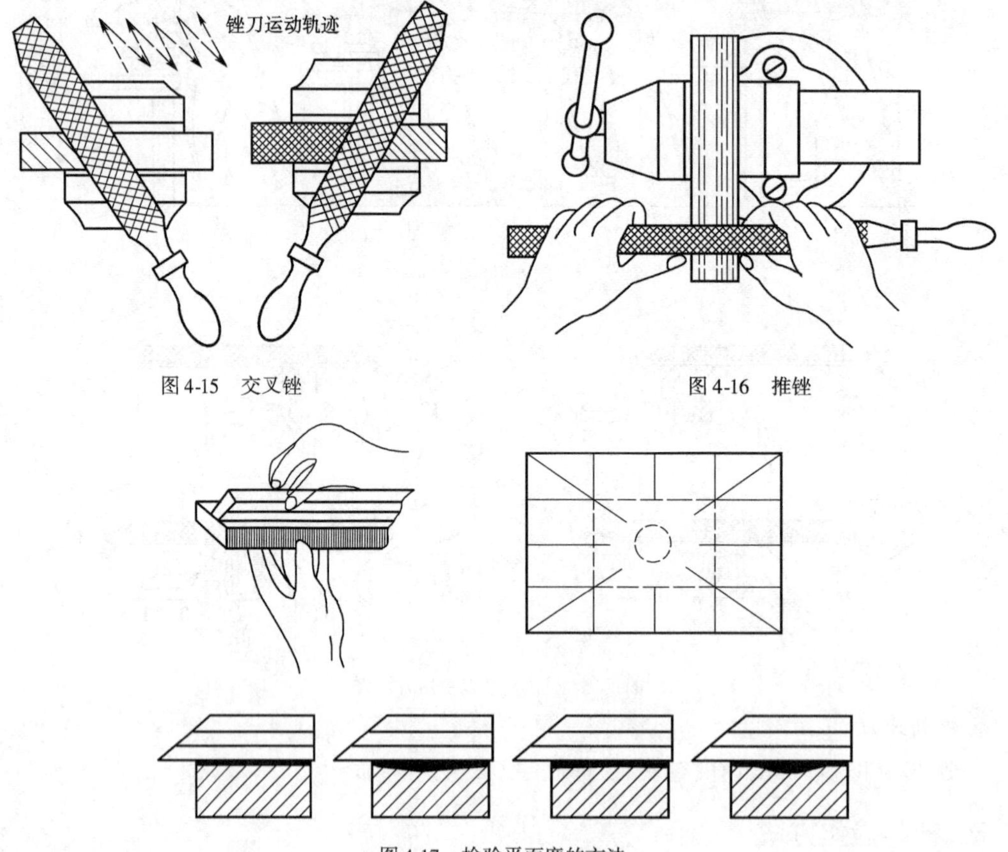

图 4-15　交叉锉

图 4-16　推锉

图 4-17　检验平面度的方法

2. 曲面锉削

(1)凸弧面的锉削方法。

①顺向滚锉法,如图 4-19a)所示。锉刀同时完成前进运动和绕零件圆弧圆心转动。顺着圆弧锉,能得到较光滑的圆弧面。所以这种方法适用于精锉。

②横向滚锉法，如图4-19b）所示。锉刀的主要运动是沿着圆弧的轴线方向做直线运动，同时锉刀不断沿着圆弧面摆动。这种锉削方法效率高，但只能锉成近似圆弧面的多棱面，故多用于圆弧面的粗锉。

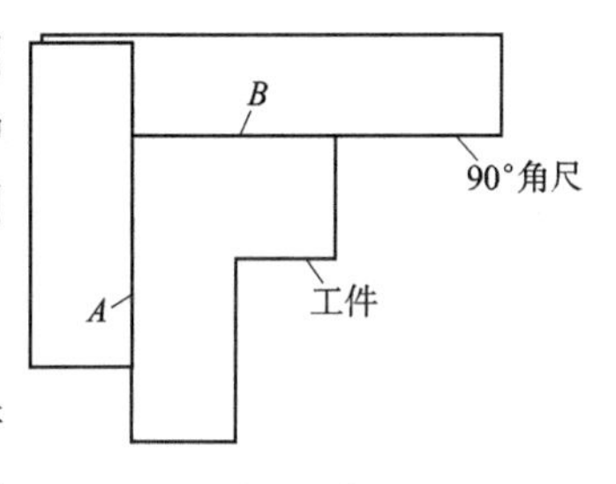

图4-18 检验垂直度的方法

（2）凹圆弧的锉削方法。

锉凹圆弧面时，锉刀要同时完成以下三个运动，如图4-20所示。沿轴向做前进运动，以保证沿轴向全程切削。向左或向右移动半个至一个锉刀直径，以避免加工表面出现棱角。绕锉刀轴线移动（约90°）。若只有前两个运动而没有这一转动，锉刀的工作面仍不是沿零件的圆弧曲线运动，而是沿零件圆弧的切线方向运动。

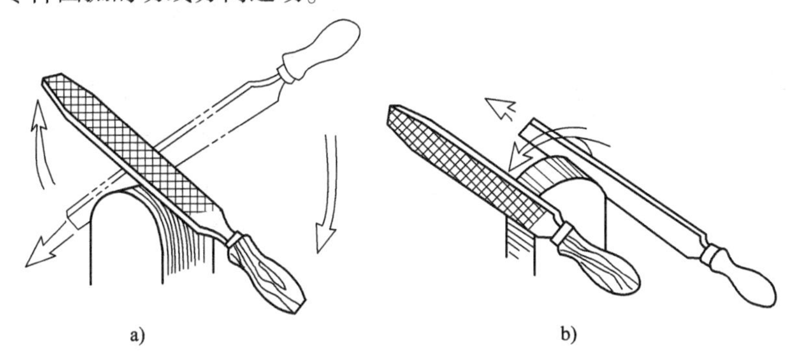

图4-19 凸弧面的锉削方法

a）顺向滚锉法；b）横向滚锉法

（3）平面与曲面的连接方法。

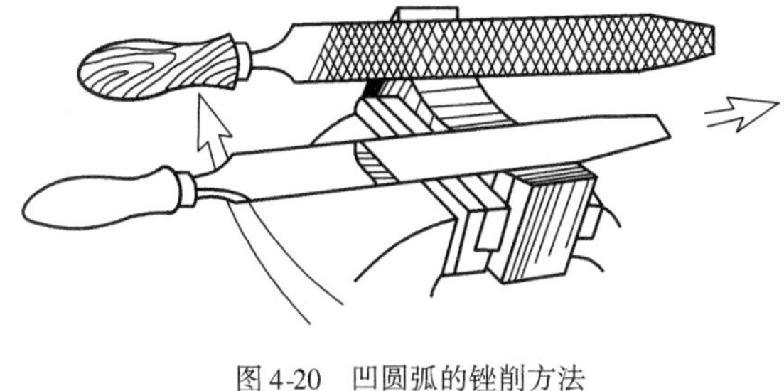
图4-20 凹圆弧的锉削方法

一般情况下，应先加工平面，然后加工曲面，便于使曲面与平面光滑连接。如果先加工曲面后加工平面，则在加工平面时，由于锉刀无依靠（平面与内圆弧连接时）而产生左右移动，使已加工曲面损伤，同时连接处也不易锉得圆滑，或圆弧不能与平面相切（平面与外圆弧面连接时）。

3.球面锉削

锉削圆柱形零件端部的球面时，锉刀要一边沿凸圆弧做顺向滚锉动作，一边绕球面的球心在圆周方向做相应的摆动，两种锉削运动结合进行，才能获得要求的球面，如图4-21所示。

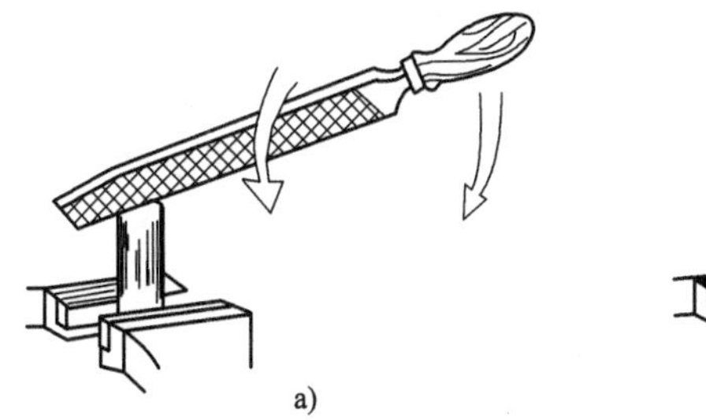

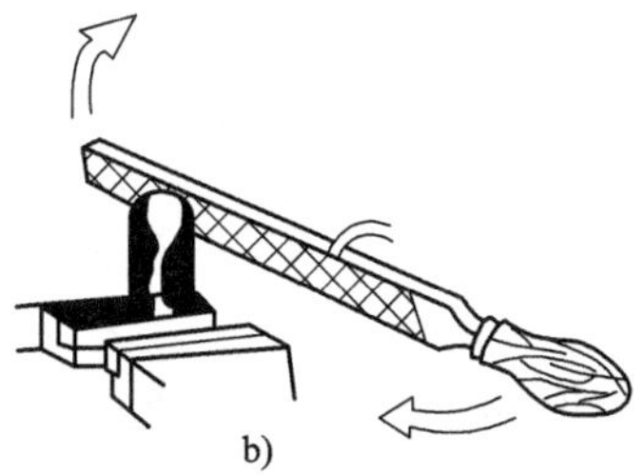

图4-21 球面锉削

任务三　锉削注意事项

（1）不使用无柄或裂柄锉刀锉削零件，锉刀柄应装紧，以防手柄脱出后锉舌伤手。

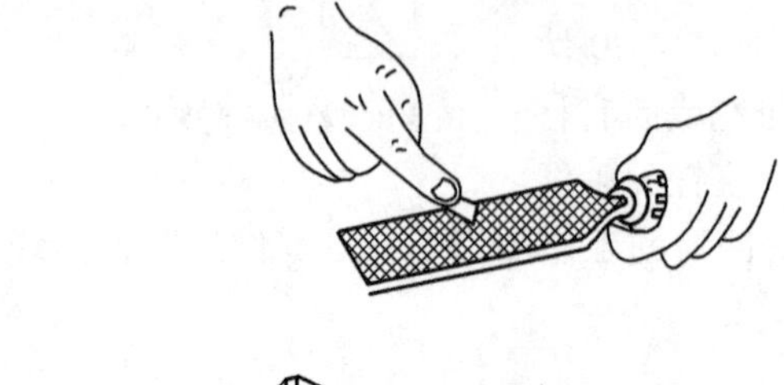

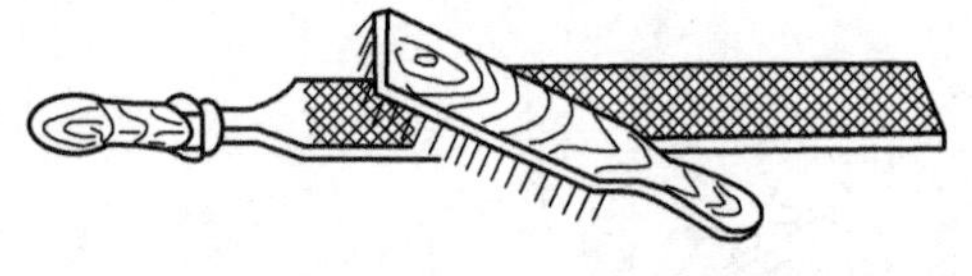

图 4-22　清除锉齿内铁屑

（2）锉削时应先用锉刀一面，等到一面用钝后再用另一面。

（3）不能用锉刀作为装拆、敲击和撬物的工具。

（4）锉削时要充分使用锉刀的有效工作面，以免局部磨损。

（5）锉削过程中，及时去除锉纹上的切屑，以免切屑刮伤零件的加工面。锉刀用完后，用钢丝刷或铜片顺着锉纹去除残留在锉纹里的切屑，如图 4-22 所示，以防生锈。切忌用手去清除切屑，以防划伤手。更不能用嘴吹切屑，以防飞入眼内。

（6）锉刀要防水、防锈、防油、防滑。

任务四　平面锉削技能训练

一、实训内容

按照锉削图样锉削平面，达到平面度≤0.15mm，如图 4-23 所示。

二、器材准备

游标卡尺、钢直尺、钢丝刷及扁油刷各一把；锉刀及软钳口各一套；100mm × 90mm × 19mm，长方体备料一块。

三、实训步骤

（1）按照图纸检查毛坯的各部分尺寸，确定加工余量。

（2）采用顺向锉练习锉平，先在宽平面上，后在窄平面上进行。

（3）要经常用角尺检查加工面的平直度，要求在横向、纵向和对角达到基本平直。

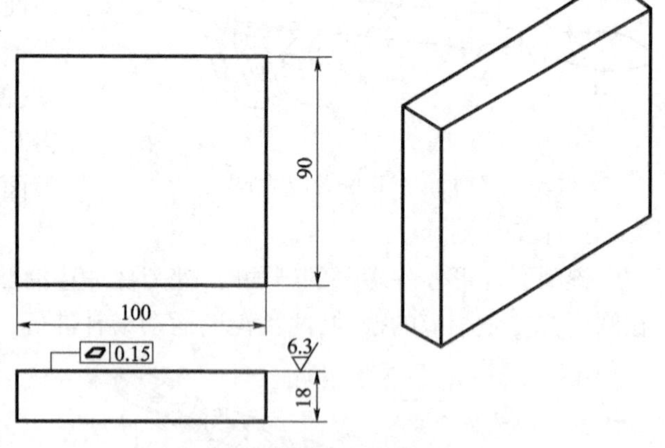

图 4-23　锉削实习图（尺寸单位：mm）

四、几种常见的平面不平的形式及产生原因

几种常见的平面不平的形式及产生原因见表 4-2。

平面不平的形式及产生的原因　　表4-2

形　　式	产 生 原 因
平面中凸	①锉削时双手用力不能使锉刀保持平衡； ②锉刀开始推出时,右手压力太大锉刀被压下,形成后面多锉;锉刀推到前面,左手压力太大,锉刀被压下形成前面多锉； ③锉削姿势不正确； ④锉刀本身中凹
对角扭曲或塌角	①右手或左手施加压力时重心偏在锉刀一侧； ②零件装夹不紧； ③锉刀本身扭曲
平面横向中凹或中凸	锉刀在锉削时左右移动不均匀

思考题

1. 什么叫锉削？锉削加工范围包括哪些？
2. 钳工常用的锉刀有哪几种？各在什么情况下使用？
3. 叙述锉刀的选择原则。
4. 怎样正确使用和保养锉刀？
5. 顺向锉、交叉锉、推锉各有哪些优缺点？
6、怎样检验锉后零件的直线度和垂直度？

项目五　锯　　削

Z 知识目标

掌握锯条的选用；掌握锯削的姿势和锯削方法。

N 能力目标

能正确选择锯条进行锯削操作。

S 素质目标

培养认真、仔细的工作态度，敬业、爱岗的工作作风。

锯削是用手锯对零件或材料进行分割的一种切削加工方法。它具有方便、简单和灵活的特点，不需任何辅助设备、不消耗动力，在临时工地以及在切割异形零件、开槽、修整等场合应用很广。因此，手工锯割也是钳工需要掌握的基本技能之一。锯削的工作范围包括：分割各种材料或半成品；锯掉零件上的多余部分；在零件上锯槽等，如图 5-1 所示。

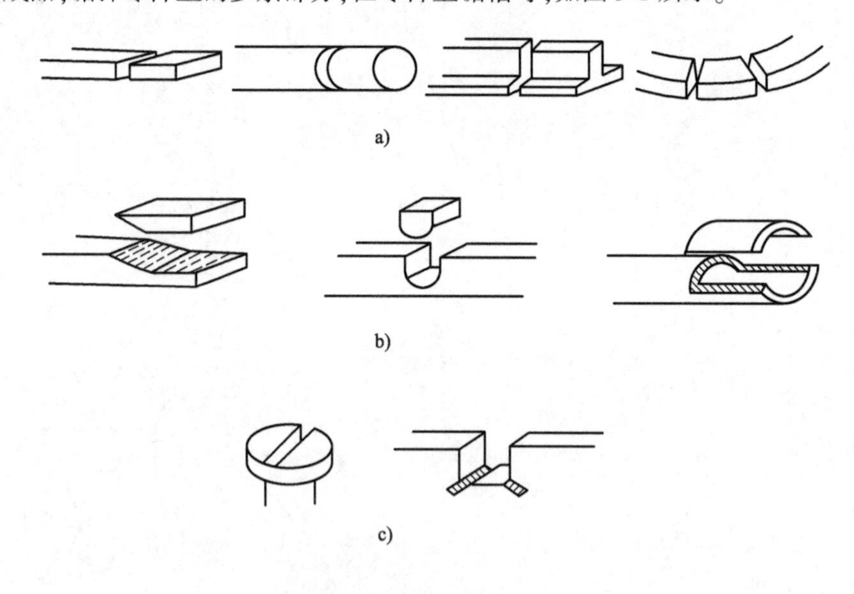

图 5-1　锯削工作的内容

a）分割材料；b）锯掉多余部分；c）锯槽

任务一　锯削工具认知

锯削的常用工具是手锯。手锯是由锯弓和锯条两部分组成。

一、锯弓

锯弓的作用是张紧锯条，且便于双手操持。有固定式（图 5-2）和可调节式（图 5-3）两种，一般都选用可调节式锯弓，这种锯弓分为前、后两段。前段套在后段内可伸缩，故能安装几种长度规格的锯条，灵活性好，因此得到广泛应用。

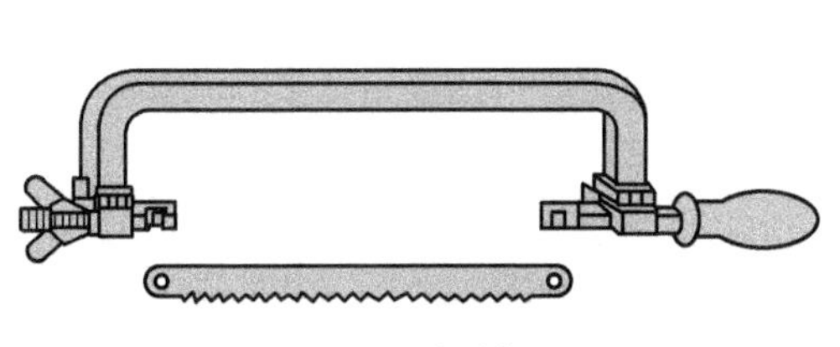

图 5-2　固定式锯弓

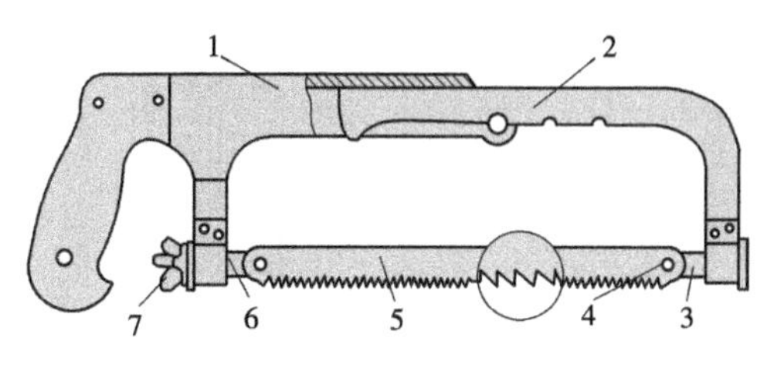

图 5-3　可调式锯弓

1-固定部分；2-可调部分；3-固定拉杆；4-销子；5-锯条；6-活动拉杆；7-蝶形螺母

二、锯条

1. 锯条的材料、规格及齿形

锯条是用来直接锯削材料或零件的工具。由碳素工具钢制成，并经淬火和低温退火处理。锯条规格用锯条两端安装孔之间的距离表示。常用的锯条约长 300mm、宽 12mm、厚 0.8mm。锯条齿形如图 5-4 所示。

2. 锯路

在制锯条时，全部锯齿按一定规则左右错开，排成一定的形状，称为锯路（图 5-5）。锯路的形成，能使锯缝宽度大于锯条背的厚度，使锯条在锯削时不会被锯缝夹住，以减少锯条与锯缝间的摩擦，便于排屑，减轻锯条的发热与磨损，延长锯条的使用寿命，提高锯削效率。

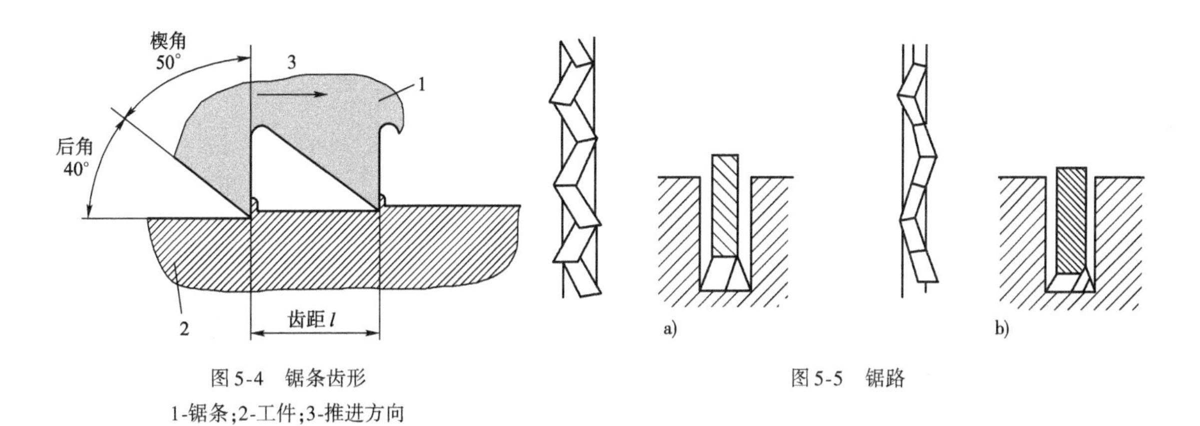

图 5-4　锯条齿形

1-锯条；2-工件；3-推进方向

图 5-5　锯路

3. 锯齿粗细及其选择

根据锯条的齿距 t 大小或 25 mm 内不同的锯齿数，锯条可分为粗齿、中齿、细齿三类。

（1）粗齿锯齿：适用于锯软材料、较大表面及厚材料。因为，在这种情况下每一次推锯都会产生较多的切屑，要求锯条有较大的容屑槽，以防产生堵塞现象。

（2）细齿锯条：适用于锯硬材料及管子或薄材料。对于硬材料，一方面由于锯齿不易切入材料，切屑少，不需大的容屑空间。

(3)锯齿的规格及应用如表 5-1 所示。

锯齿的规格及应用 表 5-1

锯齿粗细	每 25 mm 内的锯齿数(齿距大小)	应 用
粗	14~18(t=1.8 mm)	锯割部位较厚、材料较软
中	19~23(t=1.4 mm)	锯割钢、铸铁等中硬材料
细	24~32(t=1.1 mm)	锯割硬钢材及薄壁零件

(4)锯齿粗细对锯削的影响如图 5-6 所示。

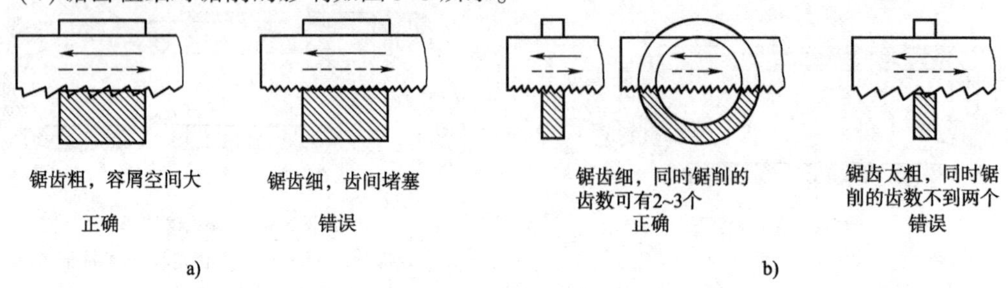

图 5-6 锯齿粗细对锯削的影响

a)厚工件要用粗齿;b)薄工件要用细齿

任务二 锯削动作要领

一、手锯握法

握手锯时,右手满握手柄,左手轻扶在锯弓前端,配合右手扶正手锯,不要加过大压力,如图 5-7 所示。

二、锯削姿势

两脚站稳;左脚跨前半步,膝部自然并稍弯曲;右脚稍向后,右腿伸直;两脚均不要过分用力,身体自然稍前倾。双手握手锯放在零件上,左臂略弯曲,右臂与锯削方向基本保持平行,如图 5-8 所示。

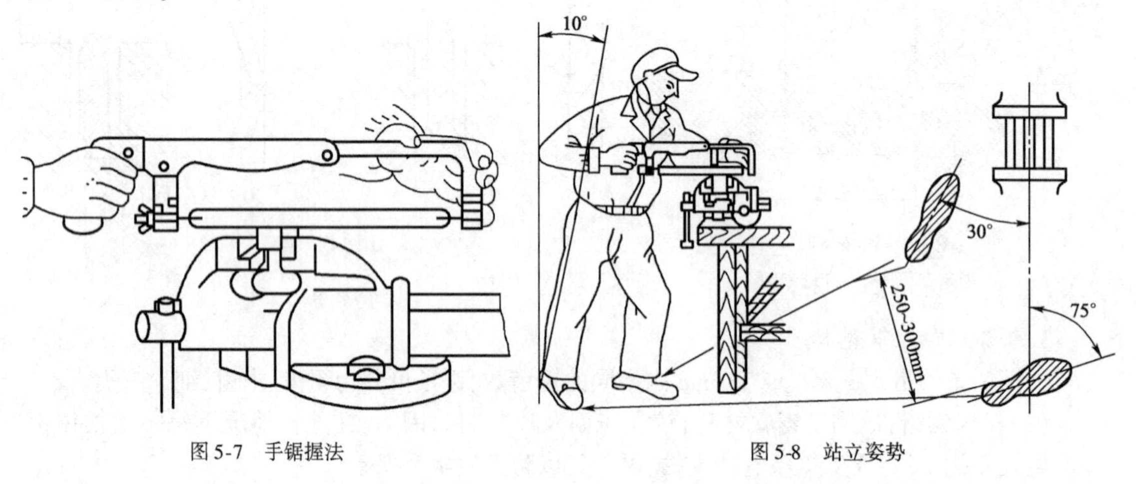

图 5-7 手锯握法　　图 5-8 站立姿势

起锯时,身体稍向前倾,与铅垂方向约呈 10°,此时右肘尽量向后收,如图 5-9a)所示。随着推锯的行程增大,身体逐渐向前倾斜,如图 5-9b)所示。行程达 2/3 时,身体倾斜约 18°,左、右臂均向前伸出,如图5-9c)所示。当锯削最后1/3行程时,用手腕推进锯弓,身体随着手锯的反作用力退回到15°位置,如图5-9d)所示。锯削行程结束后取消压力,将手和身体都退回到最初位置。

注意:锯削运动时身体摆动姿势要协调、自然。

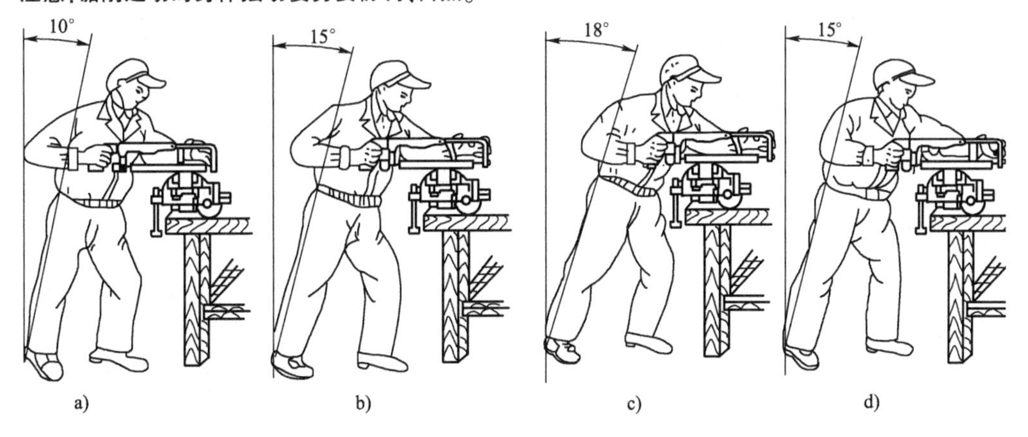

图5-9　身体摆动姿势

三、施力方法

锯削运动时,推力和压力均由右手控制,左手压力不要过大,主要配合扶正锯弓,使锯弓平稳运动。手锯前进为切削行程,施加压力;返回行程不切削,自然拉回,不施加压力;零件将要锯断时压力要小。

四、锯削运动

锯削运动一般采用小幅度的上、下摆动式运动。推锯时,身体略向前倾,双手随着压向手锯的同时,左手上翘,右手下压;回程时,右手上抬,左手顺其自然地跟回。锯薄形零件或直槽时,采用直线运动。推锯时应使锯条的全部长度都用到,一般往复长度不应少于锯条全长的2/3。

五、锯削速度

锯削速度一般以每分钟往复20~40次为宜,锯削行程应保持匀速,返回行程速度应快些。锯硬材料时速度要慢,锯软材料时速度可快些。

任务三　锯削方法

一、零件夹持

零件一般可任意夹在钳口的左右侧,锯缝应尽量靠近钳口且与侧面保持平行,以方便操作。同时,注意锯削线离钳口不要过远,以免锯削时零件振动。另外,零件夹持要紧固,但也要防止因夹紧力过大使零件变形。

二、锯条安装(图5-10)

(1)锯齿必须向前。

(2)松紧应适当,一般用手扳动锯条,感觉硬实不会发生弯曲即可。

(3)锯条平面应在锯弓平面内,或与锯弓平面平行。

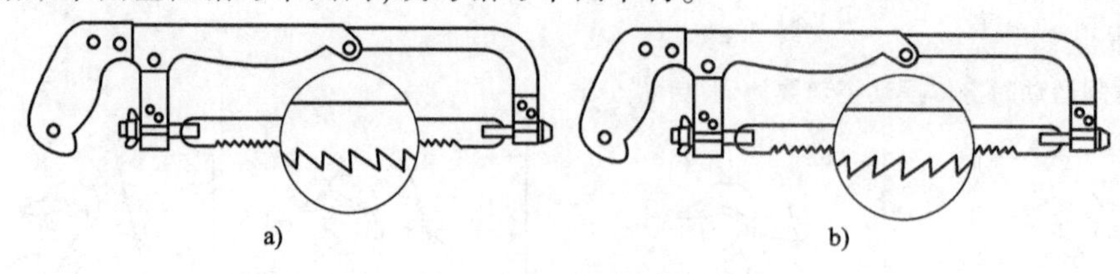

图5-10　锯条安装

a)正确;b)不正确

三、起锯

起锯有两种方法,一种是远起锯,另一种是近起锯。远起锯指从远离操作者的一端起锯;近起锯指从靠近操作者的一端起锯。起锯是锯削的开始,起锯质量的好坏,直接影响锯削质量。起锯时,左手拇指掐住零件要锯削的部位,靠住锯条,使锯条处在所需要的正确位置,锯削行程短,压力小,速度慢。起锯角 θ 约为 15°,如果起锯角太大,起锯不容易平稳,特别是近起锯,锯齿会被零件棱边卡住,引起崩齿现象。但起锯的角度也不宜过小,否则锯齿与零件同时接触的齿数较多,不易切入材料。多次起锯往往容易发生偏离,使零件表面锯出许多锯痕,影响表面质量。起锯不当,一是出现锯条跳出锯缝将零件拉毛或者引起锯齿崩断;二是锯缝与划线位置不一致,将使锯削尺寸出现较大偏差,起锯的方法,如图5-11所示。

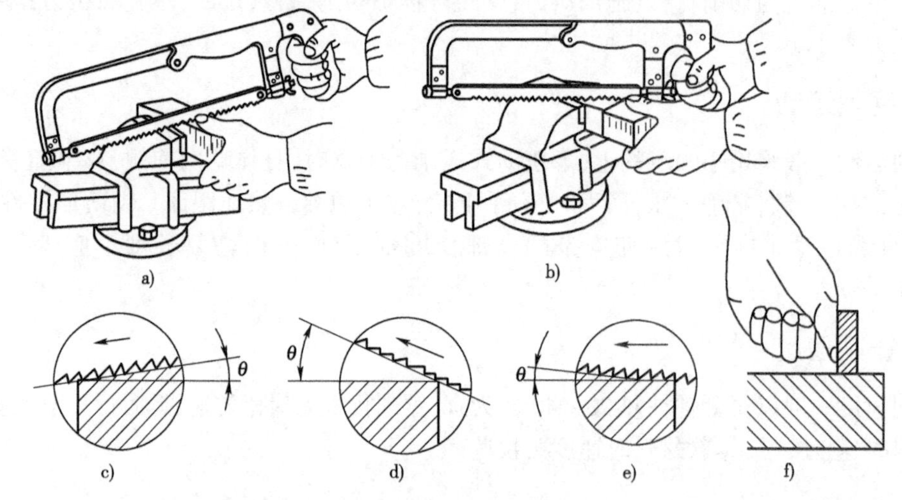

图5-11　起锯的方法

a)远起锯;b)近起锯;c)合适;d)太大;e)太小;f)引导起锯

一般情况下采用远起锯,因为远起锯锯齿是逐步切入材料的,这样锯齿不宜卡住,也较方便。起锯到槽深有2~3mm时,锯条已不会滑出槽外,左手大拇指可离开零件和锯条,端正锯弓逐渐使锯痕向后(向前)成为水平,然后往下正常锯削。正常锯削时,尽量使锯条的全部有效齿都参加切削。

任务四　典型锯削实例

锯削是一种手工操作,锯削时应根据零件材料性质、零件形状、锯削面的宽窄来选择锯条的粗细以及相应的锯削方法。

一、棒料和轴类零件的锯削

对被锯削零件锯后的断面要求比较平整、光洁。则锯削时应从一个方向连续锯削直到结束。对锯后的断面要求不太高,锯削时每到一定深度(不超过中心)可不断改变锯削方向,最后一次锯断,这样锯削抗力减小,容易切入,提高了零件效率。如锯削毛坯材料时,断面质量要求不高,为了节省时间,可分几个方向锯削(都不超过中心),然后将毛坯折断,毛坯棒料的锯削如图5-12所示。

二、管子的锯削

(1)管子的装夹:若锯薄管子,应使用两块木制V形或弧形槽垫块夹持,以防夹扁管子或夹坏表面,如图5-13所示。

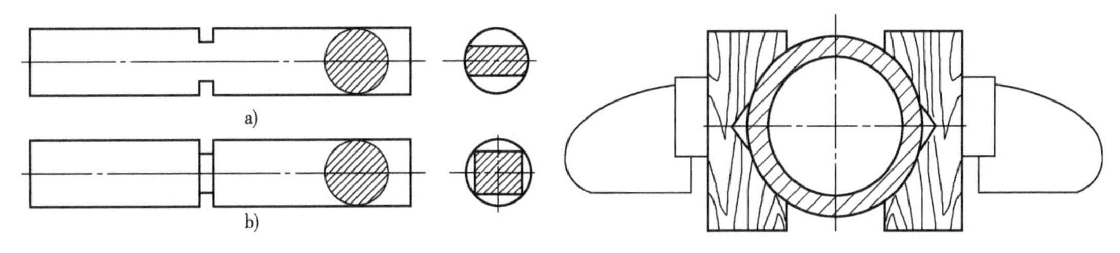

图5-12 毛坯棒料的锯削

图5-13 管子的夹持

(2)管子的锯削方法:锯削时,每个方向只锯到管子的内壁处,然后把管子转过一角度再起锯,且仍锯到内壁处,如此逐次进行直至锯断。在转动管子时,应使已锯部分向推锯方向转动,否则锯齿也会被管壁钩住,如图5-14所示。

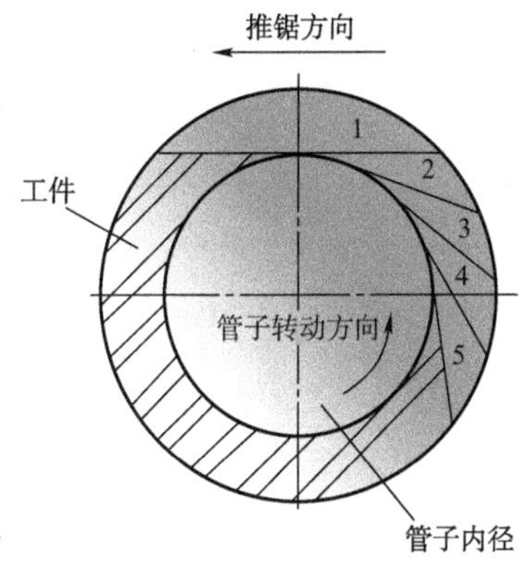

图5-14 管子的锯削顺序

三、深缝锯削

当锯缝的深度超过锯弓高度时,称这种缝为深缝。在锯弓快要碰到零件时,应将锯条拆出并转过90°重新安装,如图5-15b)所示,或把锯条的锯齿朝着锯弓背进行锯削如图5-15c),使锯弓背不与零件相碰,进行锯削。

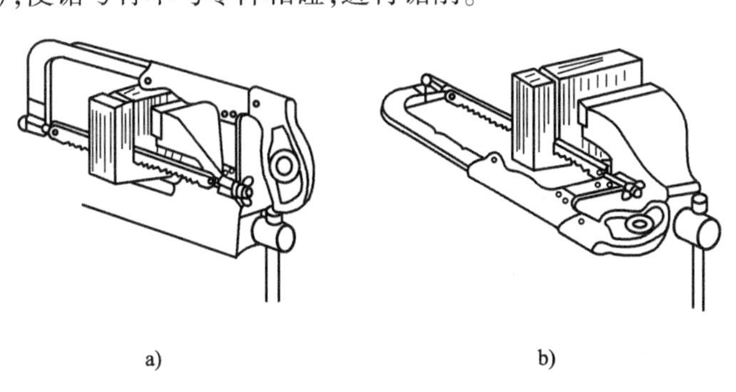

图5-15 深缝锯削

a)正常锯削;b)转90°安装锯条;c)转180°安装锯条

四、板料锯削

（1）锯削薄板料：可将薄板夹在两木垫或金属垫之间，连同木垫或金属垫一起锯削，这样既可避免锯齿被钩住，又可增加薄板的刚性（图5-16）。

（2）锯削板料：将板料夹在台虎钳上，用手锯做横向斜推，就能使同时参与锯削的齿数增加，避免锯齿被钩住，同时能增加零件的刚性（图5-17）。

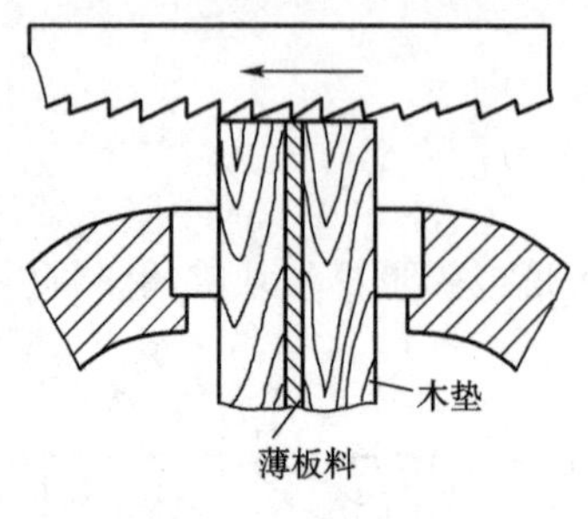

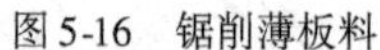

图5-16　锯削薄板料

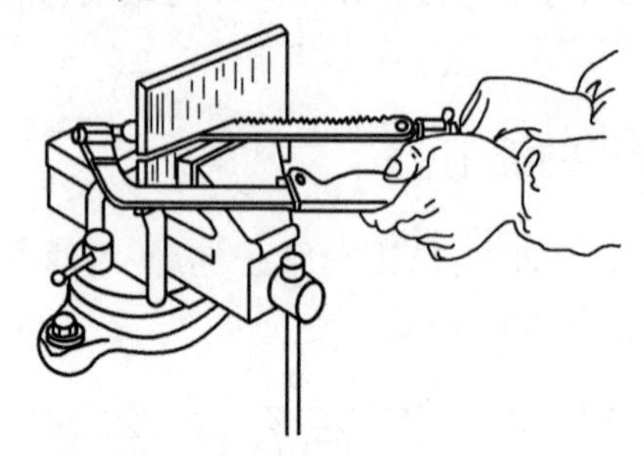

图5-17　锯削板料

任务五　锯条损坏原因和锯削时的废品分析

一、锯条损坏原因

锯削时锯条损坏有锯齿磨损、崩裂、锯条折断几种形式，其原因及预防方法见表5-2。

锯条损坏的形式、原因及预防措施　　表5-2

锯条损坏形式	原　因	预防措施
锯齿崩裂	①锯齿的粗细选择不当； ②起锯方法不正确； ③工件材质差，例如有砂眼、杂质等	①应根据工件材料的硬度和厚薄选择锯条的粗细； ②起锯角要小，同时用力要小； ③遇到砂眼、杂质时，用力要小，速度减慢，避免突然加压
锯条折断	①锯条安装不当； ②工件装夹不正确； ③强行调整歪斜的锯缝； ④用力太大或突然加压； ⑤新换锯条在旧锯缝中受卡后被拉断	①锯条安装要平直，松紧要适当； ②工件装夹要牢固，锯割线垂直于地面； ③锯缝歪斜后，将工件调向再锯，如不能调向时要逐步借正； ④用力要适当，均匀； ⑤要将工件调向锯割，若不能调向，要较轻较慢地通过旧锯缝后再正常锯割
锯齿过早磨损	①锯割速度过快； ②锯齿局部磨损	①锯割速度要适当； ②拉宽锯幅，使锯条均匀磨损

二、锯削时产生废品的原因及预防方法

锯削时产生废品的原因有：

（1）由于锯条装得太松或目光没有看好锯条与台虎钳外侧面平行，使断面歪斜，超出要求范围。

(2)由于划线不正确,而使尺寸锯小。

(3)起锯时左手大拇指未挡好或没到规定的起锯深度就急于锯削,使锯条跳出锯缝,拉毛零件表面。

预防产生废品的关键是:锯削时要仔细,不能粗心大意,操作时注意力要集中。只要重视,上述弊病就能避免。

三、安全技术

锯削时必须注意下列安全技术:

(1)必须注意锯条折断时锯条从锯弓上跳出伤人。

(2)当锯削将完成时,必须用手扶着被锯下的部分,对较大的零件还要支撑,以免锯下部分砸伤脚面。

四、注意事项

(1)锯削练习时,必须注意零件的夹持及锯条的安装是否正确。

(2)初学锯削时,对锯削速度不易掌握,往往推出速度过快,这样容易使锯条很快磨钝。

(3)要经常注意锯缝的平直情况,一发现锯缝不平直就要及时纠正,否则不能保证锯削的质量。

(4)在锯削钢件时,可加些机油,可起到冷却锯条、提高锯条使用寿命的作用。

(5)锯削完毕,应将锯弓上的张紧螺母适当放松。

(6)划线时要注意锯条宽度对尺寸的影响,尤其当尺寸公差较小时,特别需要注意。

任务六　锯削技能训练

一、实训内容

根据锯削的基本要求,按照图5-18所示要求,进行锯削练习。

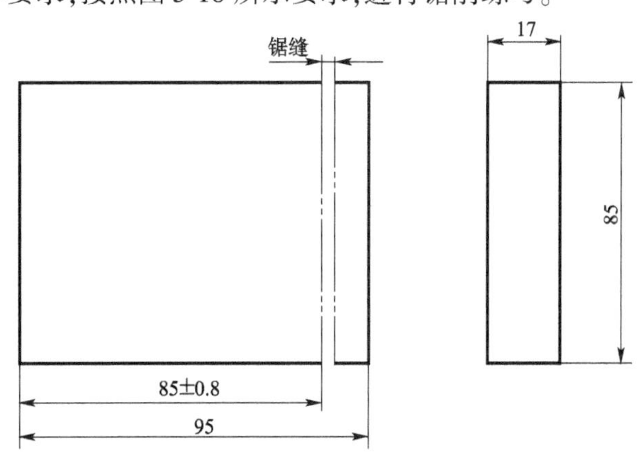

图5-18　锯削练习件(尺寸单位:mm)

二、器材准备

游标卡尺、角尺、锯弓及扁油刷各一把;划线工具一套;锯条若干;95mm×85mm×17mm长方体备料一块。

三、实训步骤

(1)按照图样检查毛坯,划锯削线,最后经复检无误后打样冲眼。

(2)初次锯削时要注意锯条的安装、零件的夹持、起锯方法以及身体的姿势等方面的正确性,如有错误动作应及时纠正。

(3)锯削时,可以加适量机油,用以减少摩擦,增长锯条的使用寿命。

(4)使用完毕后,要将锯条锯弓上的翼形螺母拧松一点,但不得拆下锯条,最后将工具妥善保管。

思考题

1. 简述手锯主要有哪几部分组成。
2. 为什么远起锯一般都比近起锯好?
3. 对锯削姿势的要求主要有什么?
4. 锯削应该如何操作?操作时应该注意些什么?
5. 简述常见的几种材料的锯削方法。

项目六　錾　　削

Z 知识目标

1. 了解錾子的刃磨及热处理方法；
2. 熟练掌握錾削的姿势和方法。

N 能力目标

能正确使用錾削工具进行錾削操作。

S 素质目标

1. 培养学生探索研究的精神；
2. 培养学生安全文明生产的意识。

用锤子打击錾子对金属零件进行切削加工的方法，叫錾削。又称凿削。它的工作范围主要是去除毛坯上的凸缘、毛刺、分割材料、錾削平面及油槽等，经常用于不便于机械加工的场合。尽管錾削工作效率低，劳动强度大，但是由于它所使用的工具简单，操作方便，因此仍起到重要的作用。通过錾削工作的锻炼，可以提高锤击的准确性，为装拆机械设备打下扎实的基础。

任务一　选用錾削工具

一、錾子

錾子是錾切中所使用的主要工具。

1. 錾子的种类及用途

錾子的形状是根据零件不同的錾削要求而设计的。钳工常用的錾子有扁錾、尖錾和油槽錾三种类型，如表 6-1 所示。

扁錾、尖錾和油槽錾的图形及用途　　表 6-1

名　称	图　形	用　途
扁錾		切削部分扁平，刃口略带弧形。用来錾削凸缝、毛刺和分割材料，应用最广泛

续上表

名　称	图　形	用　途
尖錾		切削刃较短,切削刃两端侧面略带倒锥,防止在錾削沟槽时,錾子被槽卡住。主要用于錾削沟槽和分割曲形板料
油槽錾		切削刃很短并呈圆弧形。錾子斜面制成弯曲形,便于在曲面上錾削沟槽,主要用于錾削油槽

2. 錾子的构造

錾子由头部、柄部及切削部分组成。头部一般制成锥形,以便锤击力能通过錾子轴心。长度一般为 150 ~ 200mm,柄部一般制成六边形,以便操作者定向握持。

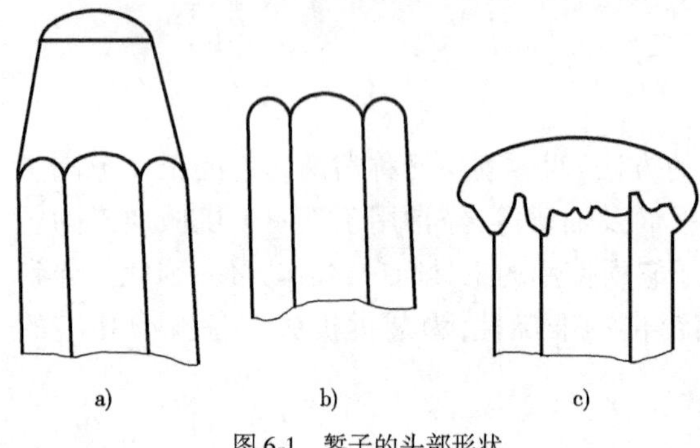

图 6-1　錾子的头部形状

錾子的头部有一定锥度,顶部略带球形突起,如图 6-1a)所示。这种形状的优点是,面小凸起,受力集中,錾子不易偏斜,刃口不易损坏。为防止錾子在手中转动,錾身应稍成扁形。不正确的头部,如图 6-1b)所示。这样的头部不能保证锤击力落在錾刃的中心点上,易击偏。錾子头部没有淬过火,因此,锤击多次后会打出卷曲的毛刺来,如图 6-1c)所示。出现毛刺后,应在砂轮上磨去,以免发生危险。

3. 錾子的切削原理

錾子切削金属,必须具备两个基本条件:一是錾子切削部分材料的硬度,应该比被加工材料的硬度大;二是錾子切削部分要有合理的几何角度,主要是楔角。錾子在錾削时的几何角度,如图 6-2a)所示。

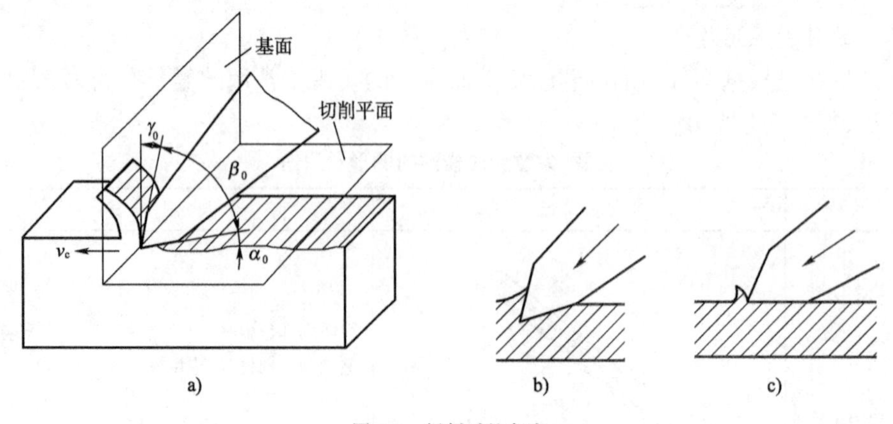

图 6-2　錾削时的角度

表6-2为材料与楔角选用范围。

材料与楔角选用范围　　表6-2

材　　料	楔角范围	材　　料	楔角范围
中碳钢、硬铸铁等硬材料	60°~70°	低碳钢、铜、铝等软材料	30°~50°
一般碳素结构钢、合金结构钢等中等硬度材料	50°~60°		

4. 錾子的热处理和刃磨

(1)錾子的热处理。錾子多用碳素工具钢(T8或T10)锻造而成,并经热处理淬硬和回火处理,使錾刃具有一定的硬度和韧度。淬火时,先将錾刃处长约20mm部分加热呈暗橘红色(约750~780℃),然后将錾子垂直地浸入水中冷却,如图6-3所示,浸入深度约为5~6mm,并将錾子沿水面缓缓移动几次,待錾子露出水面的部分冷却成棕黑色(520~580℃),将錾子从水中取出;接着观察錾子刃部的颜色变化情况,錾子刃部刚出水时呈白色,当由白色变黄,又变成带蓝色时,就把錾子全部浸入刚才淬火的水中,搅动几下后取出,紧接着再全部浸入水中冷却。经过热处理后的錾子刃部一般可达到55HRC左右,錾身约能达到30~40HRC。从开始淬火到回火处理完成,只有十几秒钟的时间,尤其在錾子变色过程中,要认真仔细地观察,掌握好火候。如果在錾子刚出水,由白色变成黄色时就把錾子全部浸入水中,这样经热处理的錾子虽然硬度稍为高些,但它的韧度却要差些,使用中容易崩刃。

图6-3　錾子的热处理

(2)錾子的刃磨。錾子的楔角大小应与零件的硬度相适应,新锻制的或用钝了的錾刃,要用砂轮磨锐。錾子在磨削时,其被磨部位必须高于砂轮中心,以防錾子被高速旋转的砂轮带入砂轮架下而引起事故。手握錾子的方法,如图6-4所示。錾子的刃磨部位主要是前刀面、后刀面及侧面。刃磨时,錾子在砂轮的全宽上做左右平行移动,这样既可以保证磨出的表面平整,又能使砂轮磨损均匀。要控制握錾子的方向、位置,保证磨出所需要的楔角。刃口两面要交替刃磨,保证一样宽,刃面宽约为2~3mm,如图6-5所示,两刃面要对称,刃口要平直。刃磨时,应在砂轮运转平稳后进行。人的身体不准正面对着砂轮,以免发生事故。按住錾子的压力不能太大,不能使刃磨部分因温度太高而退火。为此,必须在磨錾子时经常将錾子浸入水中冷却。

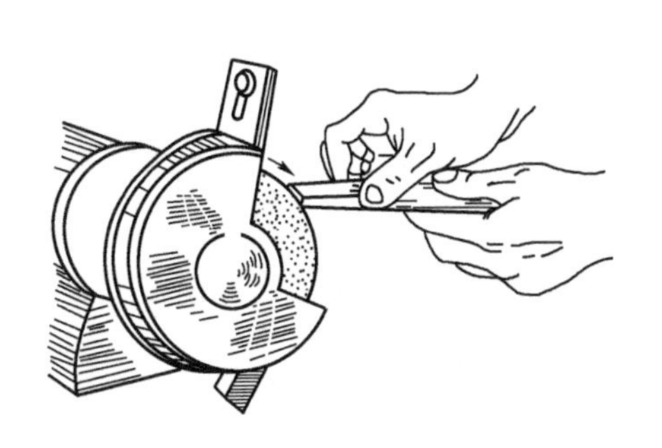

图6-4　手握錾子的方法

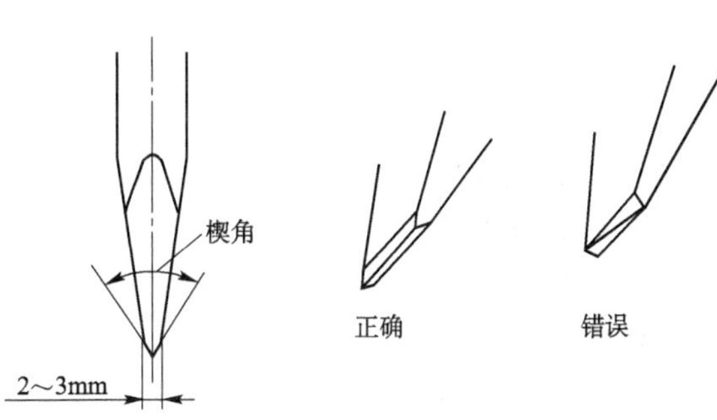

图6-5　錾子的刃磨

二、手锤

在錾削时是利用手锤的锤击力而使錾子切入金属，手锤是錾削工作中不可缺少的工具，而且还是钳工装、拆零件时的重要工具。

手锤一般分为硬手锤和软手锤两种。软手锤有铜锤、铝锤、木槌、硬橡皮锤等。软手锤一般用在装配、拆卸零件的过程中。硬手锤由碳钢淬硬制成。钳工所用的硬手锤有圆头和方头两种，如图6-6所示。圆头手锤一般在錾削和装、拆零件时使用，方头手锤一般在打样冲眼时使用。

各种手锤均由锤头和锤柄两部分组成。手锤的规格是根据锤头的重量来确定的，钳工所用的硬手锤，有0.25kg、0.5kg、0.75kg、1kg等（在英制中有0.5磅、1磅、1.5磅、2磅等几种）。锤柄的材料选用坚硬的木材，如胡桃木、檀木等。其长度应根据不同规格的锤头选用，如0.5kg的手锤，柄长一般为350mm。

无论哪一种形式的手锤，锤头上装锤柄的孔都要做成椭圆形的，而且孔的两端比中间大，呈腰鼓形，这样便于装紧。当手柄装入锤头时柄中心线与锤头中心线要垂直，且柄的最大椭圆直径方向要与锤头中心线一致。为了紧固不松动，避免锤头脱落，必须用金属楔子（上面刻有反向棱槽）或用木楔打入锤柄内加以紧固。金属楔子上的反向棱槽能防止楔子脱落，如图6-7所示。

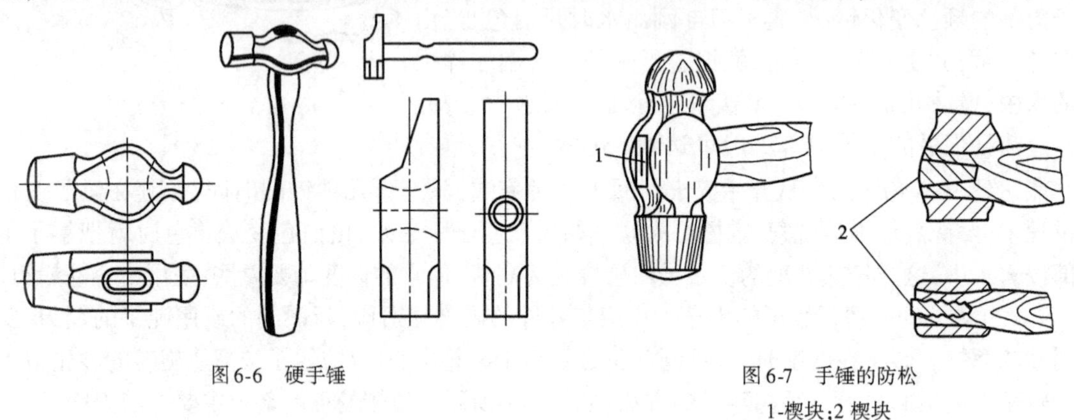

图6-6　硬手锤

图6-7　手锤的防松
1-楔块;2 楔块

任务二　錾削基础技能

一、錾子和锤子的握法

1. 錾子的握法

錾切就是使用锤子敲击錾子的顶部，通过錾子下部的刀刃将毛坯上多余的金属去除。由于錾切方式和零件的加工部位不同，所以，手握錾子和挥锤的方法也有区别。图6-8所示为錾切时三种不同的握錾方法，正握法如图6-8a）所示，錾切较大平面和在台虎钳上錾切零件时常采用这种握法；反握法如图6-8b）所示，錾切零件的侧面和进行较小加工余量錾切时，常采用这种握法；立握法如图6-8c）所示，由上向下錾切板料和小平面时，多使用这种握法。

2. 手锤的握法

手锤的握法分紧握锤和松握锤两种。紧握法如图6-9a）所示，用右手食指、中指、无名指和小指紧握锤柄，锤柄伸出15～30mm，大拇指压在食指上。松握法，如图6-9b）所示，只有大

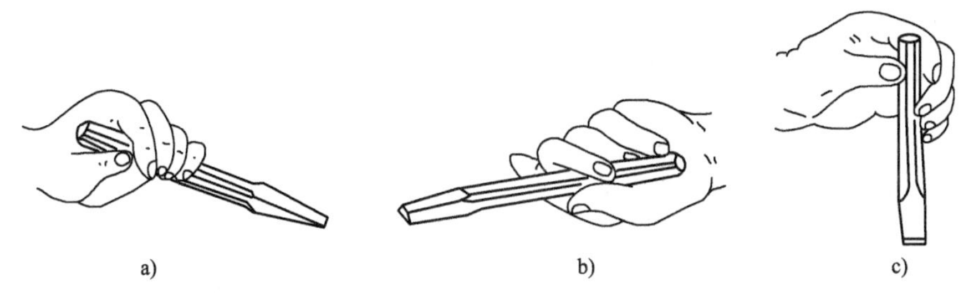
a)　　b)　　c)

图6-8　錾子的握法

a)正握法;b)反握法;c)立握法

拇指和食指始终握紧锤柄。锤击过程中,当锤子打向錾子时,中指、无名指、小指一个接一个依次握紧锤柄。挥锤时以相反的次序放松,此法使用熟练可增加锤击力。

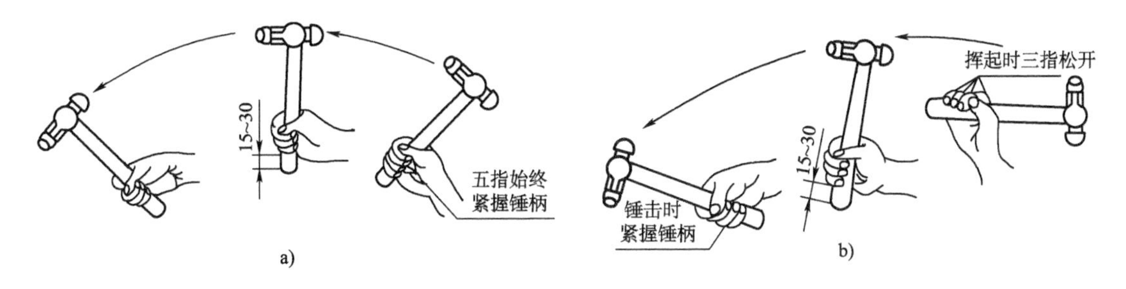

图6-9　手锤的握法

a)紧握法;b)松握法

二、挥锤的方法

挥锤的方法有腕挥、肘挥和臂挥三种方法。腕挥只有手腕的运动,锤击力小,如图6-10a)所示,一般用于錾削余量较小或錾削开始和结尾。錾削油槽由于切削量不大也常用腕挥。肘挥是用腕和肘一起挥锤,如图6-10b)所示,其锤击力较大,应用最广泛。臂挥是用手腕、肘和全臂一起挥锤,如图6-10c)所示,臂挥锤击力最大,用于需要大力錾削的场合。

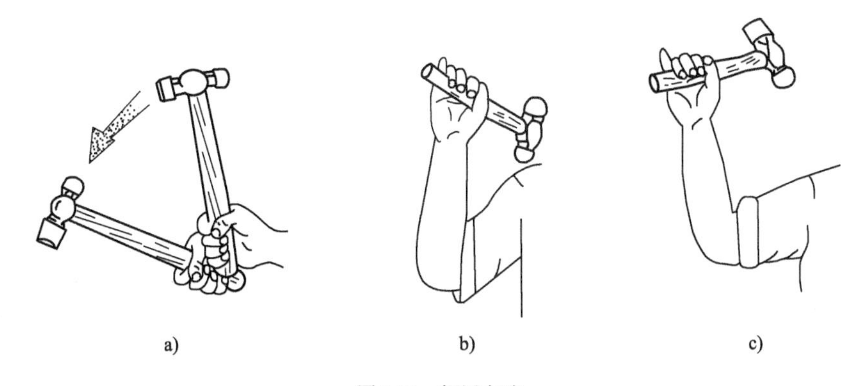
a)　　b)　　c)

图6-10　挥锤方法

a)腕挥;b)肘挥;c)臂挥

三、錾削的姿势

錾削时,两脚互呈一定角度,左脚跨前半步,右脚稍微朝后,如图6-11a)所示,身体自然站立,重心偏于右脚。右脚要站稳,右腿伸直,左腿膝关节应稍微自然弯曲。眼睛注视錾削处,以便观察錾削的情况，而不应注视锤击处。左手捏錾使其在零件上保持正确的角度，右手挥锤，使锤头沿弧线运动，进行敲击，如图 6-11b）所示。

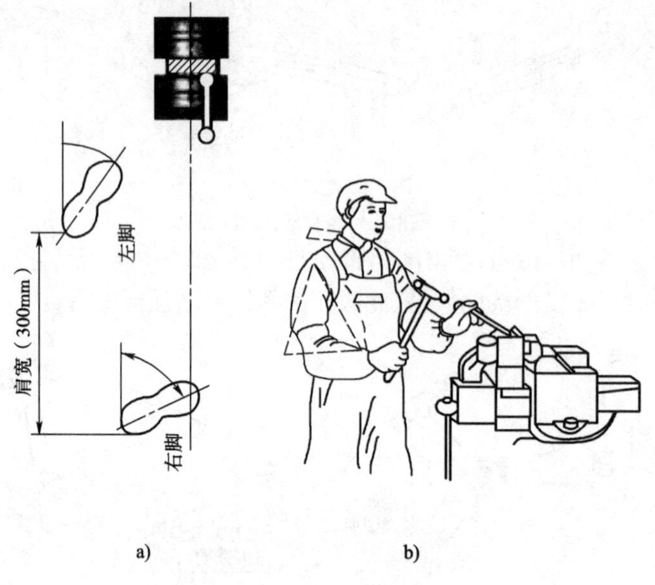

图 6-11　錾削的姿势

a）较削时双脚位置；b）錾削姿势示意图

任务三　錾 削 操 作

一、錾削平面

錾削平面主要使用扁錾，起錾时，一般都应从零件的边缘尖角处着手，称为斜角起錾，如图 6-12a）所示。从尖角处起錾时，由于切削刃与零件的接触面小，故阻力小，只需轻敲，錾子即能切入材料。当需要从零件的中间部位起錾时，錾子的切削刃要抵紧起錾部位，錾子头部向下倾斜，使錾子与零件起錾端面基本垂直，如图 6-12b）所示，然后再轻敲錾子，这样能够比较容易地完成起錾工作，这种起錾方法叫做正面起錾。

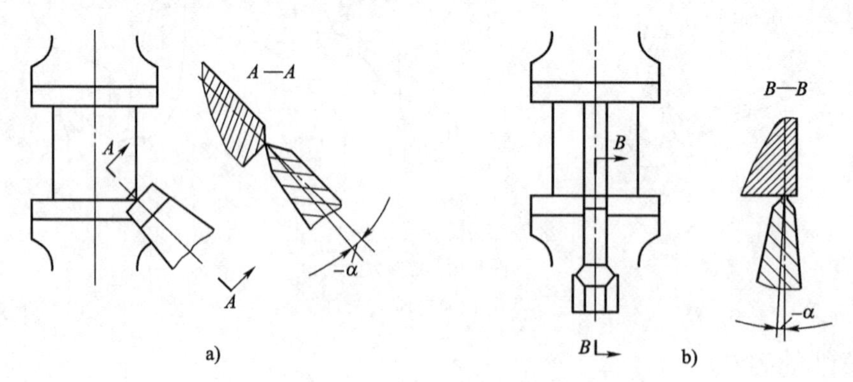

图 6-12　起錾的方法

a）斜角起錾；b）正面起錾

当錾削快到尽头时,必须调头錾削余下的部分,否则极易使零件的边缘崩裂,如图 6-13 所示。当錾削大平面时,一般应先用狭錾间隔开槽,再用扁錾錾去剩余部分,如图 6-14 所示。錾削小平面时,一般采用扁錾,使切削刃与錾削方向倾斜一定角度,如图 6-15所示,目的是錾子容易稳定住,防止錾子左右晃动而使錾出的表面不平。錾削余量一般为 0.5 ~ 2mm。余量太小,錾子易滑出,而余量太大又使錾削太费力,且不易将零件表面錾平。

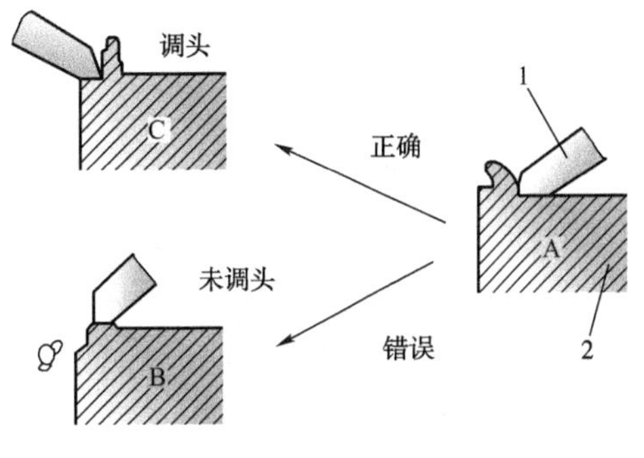

图 6-13　尽头地方的錾法

1-錾子;2 工件

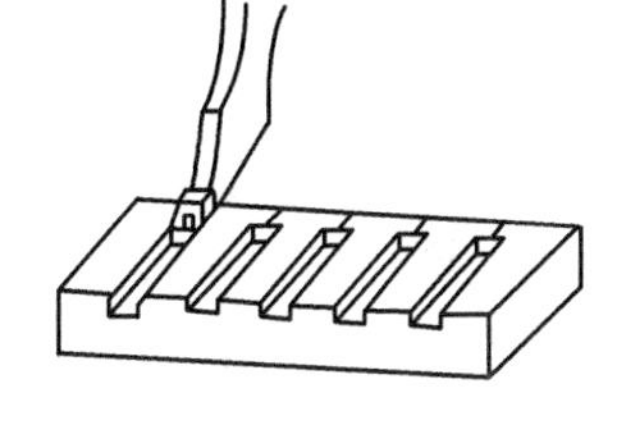

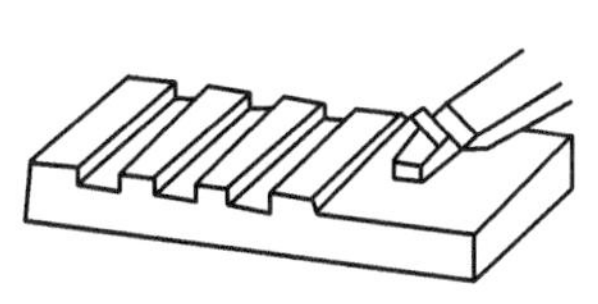

图 6-14　宽平面的錾削

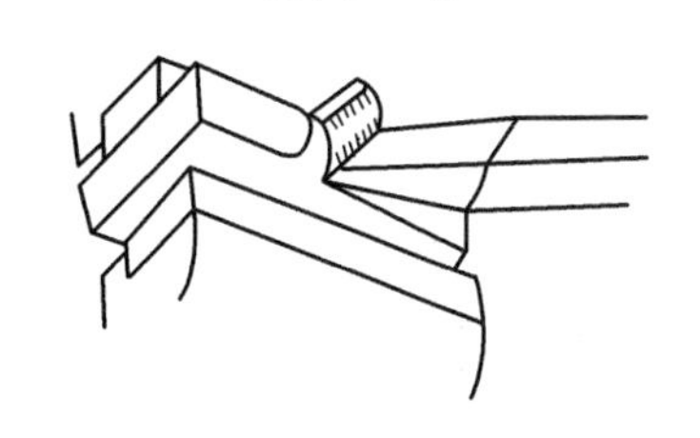

图 6-15　小平面的錾削

二、錾削板料

在没有剪切设备的情况下,可用錾削的方法分割薄板料或薄板零件,常见的有以下几种情况。

(1)将薄板料牢固地夹持在台虎钳上,錾切线与钳口平齐,然后用扁錾沿着钳口并斜对着薄板料(约呈 45°)自右向左錾切,如图 6-16 所示。錾切时,錾子的刃口不能平对着薄板料錾切,否则錾切时不仅费力,而且由于薄板料的弹动和变形,造成切断处产生不平整或撕裂,形成废品。如图 6-17 所示为错误錾切薄板料的方法。

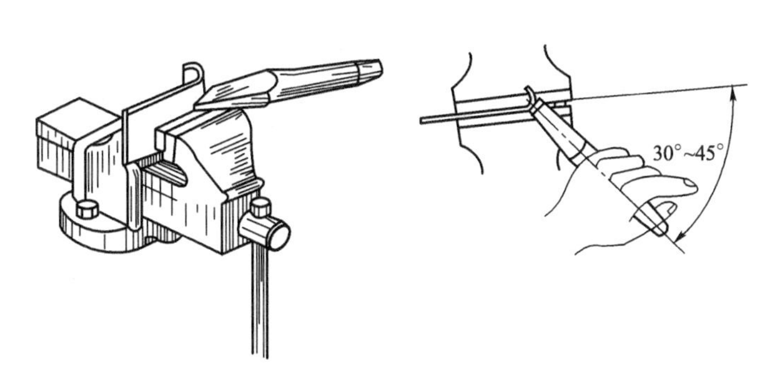

图 6-16　錾切板料

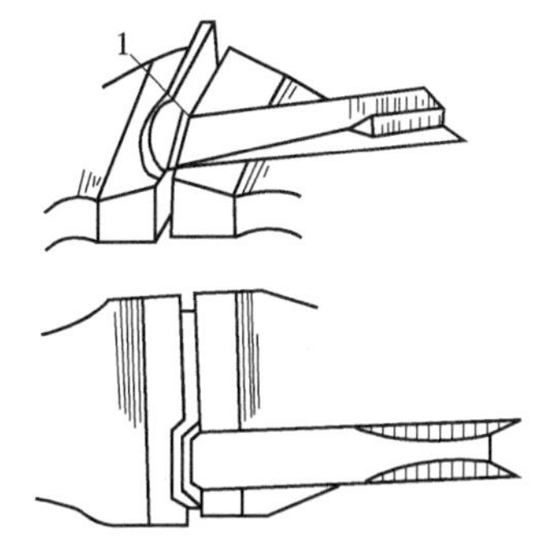

图 6-17　错误錾切薄板料

1-裂缝

(2)錾切较大薄板料时,当薄板料不能在台虎钳上进行錾切时,可用软铁材料垫在铁砧或平板上,然后从一面沿錾切线(必要时距錾切线 2mm 左右作为加工余量)进行錾切,如图 6-18 所示。

(3)錾切形状较为复杂的薄板零件时,当零件轮廓线较复杂的时候,为了减少零件变形,一般先按轮廓线钻出密集的排孔,然后利用扁錾、尖錾逐步錾切,如图 6-19 所示。

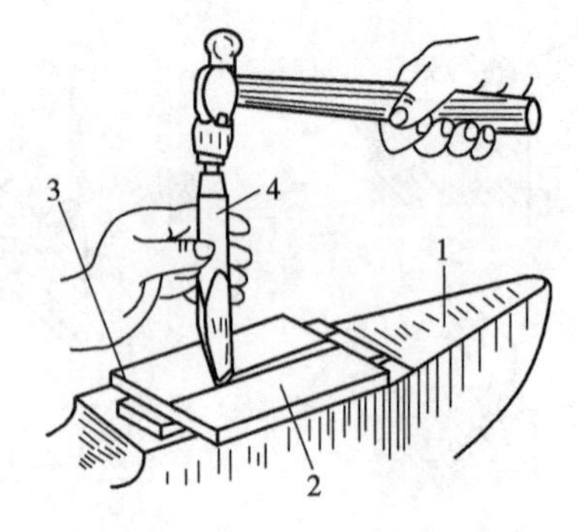

图 6-18　在铁砧上錾切板料

1-铁砧;2-工件;3-垫的软铁材料;4-锤子

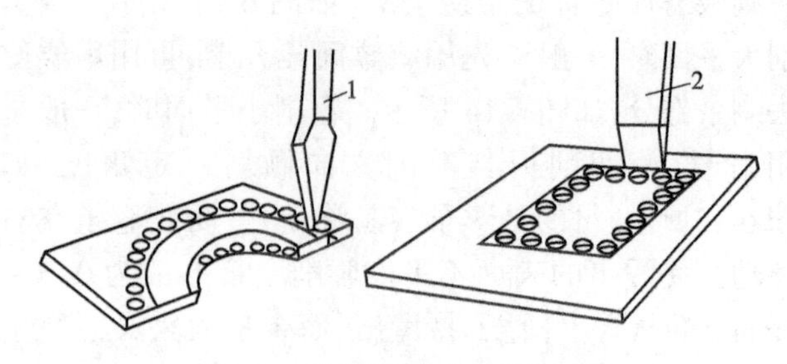

图 6-19　形状较复杂的板料的切割

1-窄錾;2-扁錾

三、錾削油槽

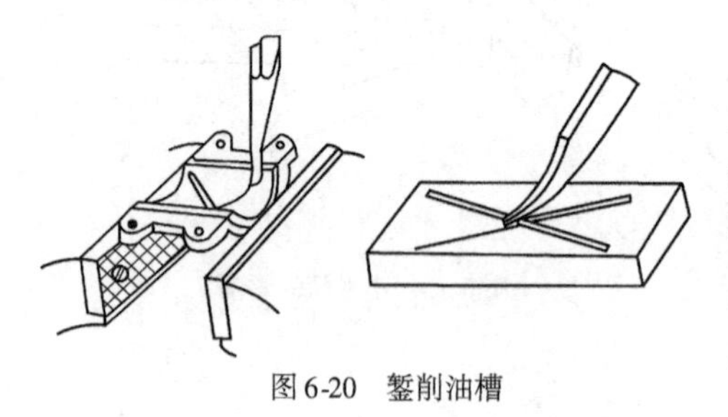

图 6-20　錾削油槽

錾削前首先根据图样上油槽的断面形状、尺寸刃磨好油槽錾的切削部分,同时在零件需錾削油槽部位划线。錾削时,如图 6-20 所示,錾子的倾斜度需随着曲面而变动,保持錾削时后角不变,这样錾出的油槽光滑且深浅一致。錾削结束后,修光槽边的毛刺。

任务四　錾削注意事项

为了保证錾削工作的安全,操作时应注意以下几个方面。

(1) 錾子经常刃磨锋利,过钝的錾子不但工作费力,錾出的表面不平整,而且容易产生打滑现象而引起手部划伤的事故。

(2)錾子头部有明显的毛翘时,要及时磨掉,避免碎裂伤手。

(3)发现手锤木柄有松动或损坏时,要立即装牢或更换,以免锤头脱落飞出伤人。

(4)錾削时,最好周围设置安全网,以免碎裂金属片飞出伤人。操作者必要时可戴上防护眼镜。

(5) 錾子头部、手锤头部和手锤木柄都不应沾油,以防滑出。

(6)錾削疲劳时要适当休息,手臂过度疲劳时,容易击偏伤手。

(7)錾削两三次后,可将錾子退回一些。刃口不要总是顶住零件,这样,随时可观察錾削的平整情况,同时可放松手臂肌肉。

任务五　錾削技能训练

一、实训内容

1. 姿势练习

(1)手锤及錾子握法。

(2)站位及姿势。

(3)挥锤动作。

2. 錾削练习

錾削长方体，其零件尺寸为(25mm ±0.5 mm) × (25mm ±0.5 mm) × (50mm ±0.5 mm)，如图 6-21 所示。

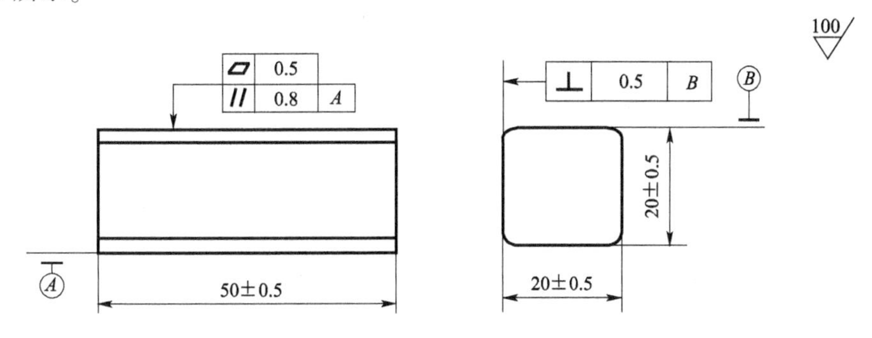

图 6-21　錾削长方体(尺寸单位:mm)

二、器材准备

游标卡尺、游标高度尺、角尺、锤子、扁錾及扁油刷各一把；划线工具一套；24mm × 24mm × (50mm ±0.5mm)备料一块。

三、实训步骤

(1)按照图纸检查来料。

(2)利用划线工具对原料划出加工线，经复检后打样冲眼。

(3)粗、精錾达到尺寸(25mm ±0.5 mm)(两组)，平面度公差为 0.5mm(四面)，平行度公差为 0.8mm(两组)，垂直度公差为 0.5mm(四处)，錾痕一致，各锐边倒棱、去毛刺。初次錾削时，要注意锤击的速度过快、左手握錾不稳、锤击无力等问题。

思考题

1. 简述锤子和錾子的使用方法。
2. 起錾时，应该如何来操作？ 錾尽时，又应该如何操作？
3. 简述直槽、平面以及薄板材的錾削方法。
4. 錾削时应当注意哪些操作事项？

项目七　钻　　孔

Z 知识目标

掌握钻孔的操作工艺规程；知道标准麻花钻的刃磨方法。

N 能力目标

能使用台钻进行一般孔的加工。

S 素质目标

培养学生探索、合作能力。

任务一　钻孔基础知识

一、孔的分类

内孔表面是组成机械零件的一种重要表面，在机械零件中有多种多样的孔，按孔的形状，有圆柱形孔、圆锥形孔、螺纹形孔和成形孔等；常见的圆柱形孔又有一般孔和深孔之别，长径比>5 的孔为深孔，深孔很难加工；常见的成形孔有方孔、六边形孔、花键孔等。

二、钻孔

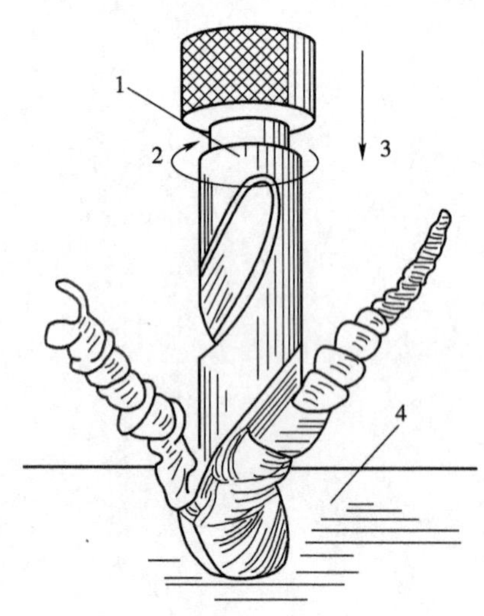

图 7-1　钻头的切削运动
1-钻头；2-主运动；3-进给运动；4-工件

用钻头在实体材料上加工出孔的工作称为钻孔。

钻孔可以达到的标准公差等级一般为 IT13 ~ IT11 级，表面粗糙度值一般为 R_a100 ~ 25μm，故只能加工要求不高的孔或作为孔的粗加工。

钻孔时，零件固定在工作台上不动，依靠钻头运动来切削，其切削过程由两个运动合成：主运动和进给运动，如图 7-1 所示。

(1) 主运动。钻孔时，钻头装在钻床主轴（或其他机械）上所做的旋转运动称为主运动。

(2) 进给运动。钻头沿轴线方向的移动称为进给运动。

三、钻削特点

钻削时，钻头是在半封闭的状态下进行切削的，转速高，切削用量大，排屑又很困难，因此钻削具有如下特点。

(1) 摩擦较严重，需要较大的钻削力。

(2)产生的热量多,而传热、散热困难,因此切削温度较高。

(3)钻头高速旋转以及由此而产生的较高切削温度,易造成钻头严重磨损。

(4)钻削时的挤压和摩擦容易产生孔壁的冷作硬化现象,给下道工序加工增加困难。

(5)钻头细而长,刚性差,钻削时容易产生振动及引偏。

(6)加工精度低,表面粗糙。

四、钳工孔加工常用设备简介

钳工进行孔加工的常用设备有台式钻床、立式钻床、摇臂钻床等三种钻床及电动钻孔工具——手电钻。

1. 台式钻床

台式钻床简称台钻,其体积小、质量轻、速度高并可调(调整顶部三角带在宝塔带轮上的槽位)、移动方便、可摆放在工作台上使用、手动进给、加工深度可限定,适于加工直径13mm以下的小孔,如图7-2所示。

2. 立式钻床

立式钻床简称立钻,其有多种规格,特点是刚性好、精度高、变速范围与走刀量范围均较大、进给既可机动又可手动、配有冷却装置、可用大的切削用量。立钻一般使用锥柄钻头,任配上钻夹头就可使用各类直柄钻头,适用于单件、小批量生产中的小型零件的钻孔、扩孔、铰孔、锪孔、攻螺纹等,如图7-3所示。

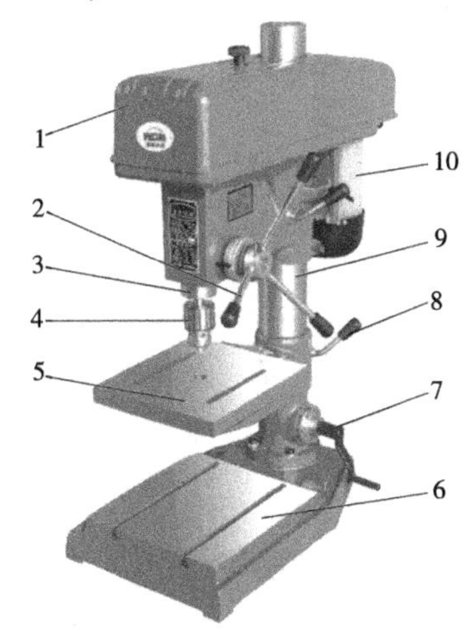

图7-2 台式钻床

1-防护罩;2-进给手柄;3-主轴;4-钻夹头;5-工作台;6-底座;7-升降手柄;8-锁紧手柄;9-主柱;10-电机

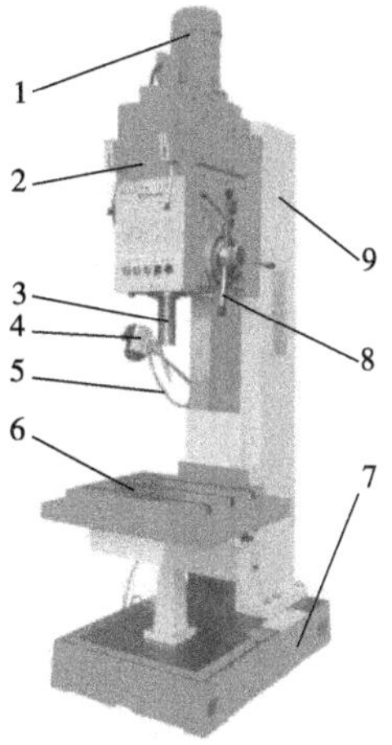

图7-3 立式钻床

1-电机;2-主轴变速器;3-主轴;4-照明灯;5-冷却油管;6-工作台;7-底座;8-进给手柄;9-主柱

3. 摇臂钻床

摇臂钻床有多种规格,特点与功能是:水平摇臂可绕立柱旋转并可沿立柱垂直移动;主轴箱安装在摇臂上,可沿摇臂做水平移动;进给既可机动又可手动;配有冷却装置,一般使用锥柄孔钻,也可使用各类直柄钻头(配钻夹头)。上述功能特点可使重大型零件方便地吊放在摇臂钻床的底座或工作台上,使其能轻松、快捷、方便、准确地对正孔位。因此,摇臂钻床适用于大型、笨重、复杂、多孔零件的钻孔、扩孔、铰孔、锪沉孔与孔口平面、攻螺纹等,如图7-4所示。

4. 手电钻

钳工使用的手电钻有手枪式和手提式两种。它们的特点是;携带方便,操作灵活,使用直柄钻头(手枪式夹持直径一般为6mm以下,手提式为13mm以下),适用于不便在钻床上进行的钻孔、锪孔、孔口倒角等工作。

另外,现在市场有许多先进的钻孔设备,如数控钻床(图7-5)减少了钻孔划线及钻孔偏移的烦恼,还有磁力钻床(图7-6)等。

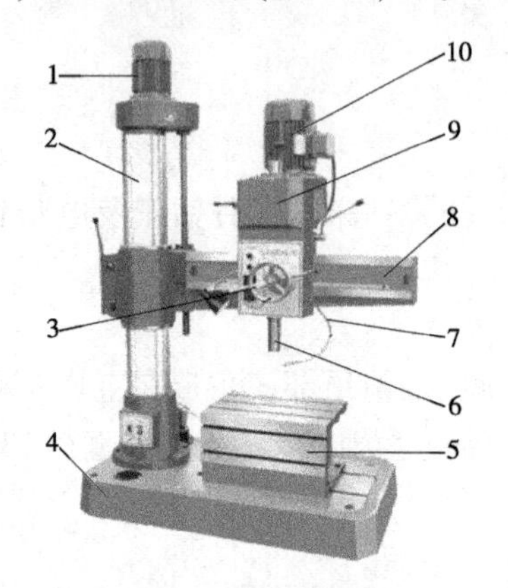

图7-4　摇臂钻床

1-摇臂升降电机;2-立柱;3-进给手柄;4-底座;5-工作台;6-主轴;7-冷却油管;8-摇臂;9-主轴管;10-主轴电机

图7-5　数控钻床

图7-6　磁力钻床

任务二　麻花钻认知

一、麻花钻的结构

麻花钻是最常用的孔加工刀具,一般用于实体材料上孔的粗加工。它的结构由柄部、颈部和工作部分组成,如图7-7所示。麻花钻一般用高速钢制成。

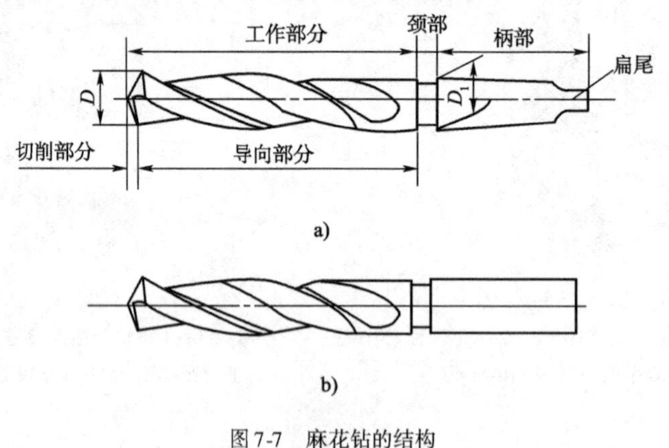

图7-7　麻花钻的结构

a)锥柄式;b)直柄式

1. 柄部

柄部是钻头的夹持部分,用来传递钻孔时所需的转矩和轴向力。有锥柄和直柄两种形式。钻头直径大于12mm时常做成锥柄,小于12mm时做成直柄。锥柄后端的扁尾可插入钻床主轴的长方孔中,用来增加传递转矩,避免钻头在主轴孔或钻套中打滑,并作为把钻头从主轴孔或钻套中打出之用。

2. 颈部

颈部位于工作部分和柄部的过渡部分，是磨削柄部时砂轮的退刀槽，当柄部和工作部分采用不同材料制造时，颈部就是两部分的对焊处，通常钻头的规格、材料和商标也刻印在此处。

3. 工作部分

它是钻头的主要部分，担负主要的切削工作，由切削部分和导向部分组成。

(1)麻花钻的切削部分：由对称的两个刀瓣组成，每一个刀瓣就像一把外圆车刀一样，都具有切削作用。普通麻花钻的切削部分主要由五刃六面组成，如图7-8所示。所谓五刃是指两条主切削刃、两条副切削刃和一条横刃；所谓六面是指两个前刀面、两个主后刀面以及两个副后刀面。

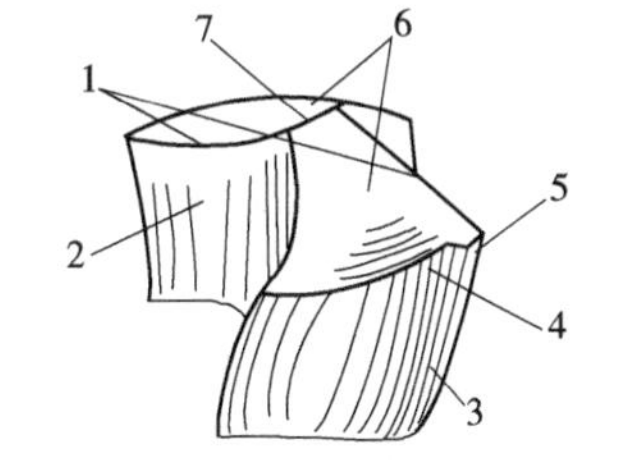

图7-8 普通麻花钻切削部分的构成
1-主切削刃；2-前刀面；3-棱边；4-副切削刃；5-副后刀面；6-后刀面；7-横刃

①前刀面：即两个螺旋槽表面，也是切屑流出的表面。

②主后刀面：位于工作部分的端部，是与零件加工表面(孔底)相对的表面，其形状由刃磨方法决定。

③副后刀面：即钻头的棱边(或刃带)是与零件已加工表面(孔壁)相对的表面。

④主切削刃：前刀面与后刀面的交线，它担负主要的切削任务。

⑤副切削刃：前刀面与副后刀面的交线。

⑥横刃：两主后刀面的交线，它位于钻头的最前端，这个部分又称钻心尖。

(2)麻花钻的导向部分：主要用来保持普通麻花钻在切削加工时的方向准确。

导向部分的两条螺旋槽主要起形成切削刃以及容纳和排除切屑的作用，同时也方便切削液沿螺旋槽流入至切削部位。

导向部分外缘的两条棱带(副后刀面)，其直径在长度方向略有倒锥，倒锥量为每100mm长度内直径向柄部减小0.05~0.10mm。目的在于减小钻头与孔壁之间的摩擦。当钻头进行重新刃磨以后，导向部分又逐渐转变为切削部分。

二、标准麻花钻的刃磨方法

刃磨时，操作者站立砂轮左侧，用右手握住钻头的工作部分，食指要尽可能靠近切削部分，作为钻头摆动的支点，主切削刃与砂轮中心平面同置于一个水平面内，并使钻头轴线同砂轮外圆柱面的夹角呈60°左右，如图7-9a)所示。右手握钻头并绕钻头轴心转动，左手在后，握住钻头作上下摆动，翻转180°，再用相同方法刃磨另一面，如图7-9b)所示。

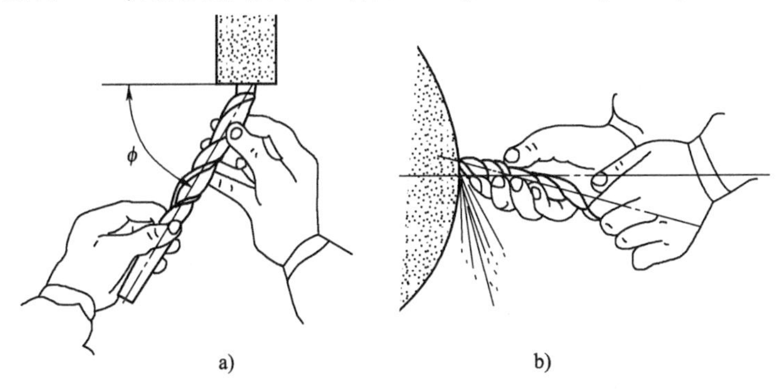

图7-9 钻头的刃磨

三、标准麻花钻的刃磨检验

在实际操作中,最常用的还是采用目测的方法。目测检验时,把钻头切削部分向上竖立,使两主切削刃与视线方面垂直,两眼平视。由于两主切削刃一前一后会产生视觉误差,往往会感到左刃高而右刃低,所以要旋转180°后,反复观察几次,如果结果一致,则说明两主切削刃对称。

钻头外缘处靠近刃口部分的后刀面倾斜情况直接目测。近中心处的后角要求可通过控制横刃斜角的合理数值来保证。

四、标准麻花钻的修磨

由于钻削存在较多缺点,通常需要修磨麻花钻来改善其切削性能。标准麻花钻的修磨方法见表7-1。

标准麻花钻的修磨　　表7-1

修磨方法	图示	修磨要求及作用
修磨横刃	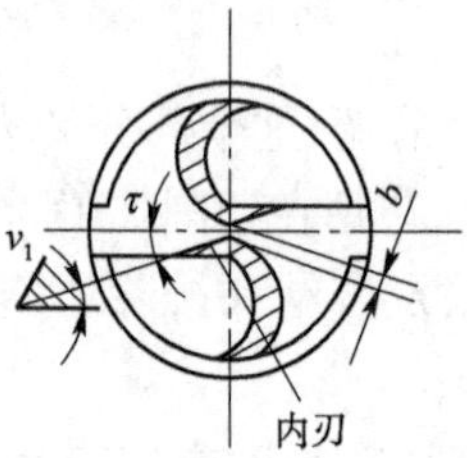	其目的是把横刃磨短,靠近钻心处的前角增大。一般直径5mm以上的钻头,均须修磨横刃。修磨后的横刃长度为原来的1/5～1/3,以减少轴向阻力和挤刮现象,提高钻头的定心作用和切削的稳定性
修磨主切削刃	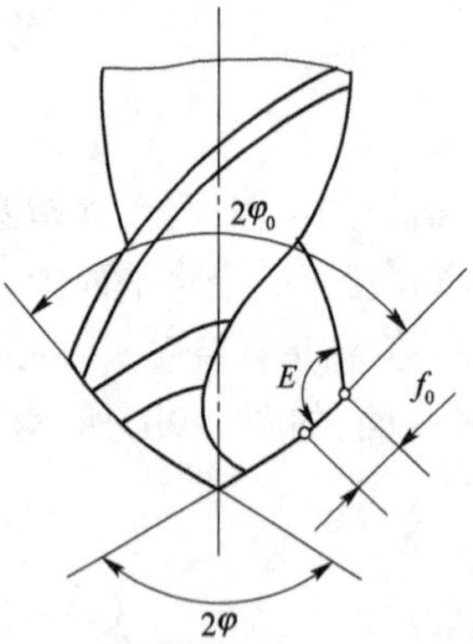	其目的是增大刀尖角,从而增强刀齿强度,改善散热条件,增强主切削刃与棱边交角处的抗磨性,提高钻头的使用寿命
修磨棱边	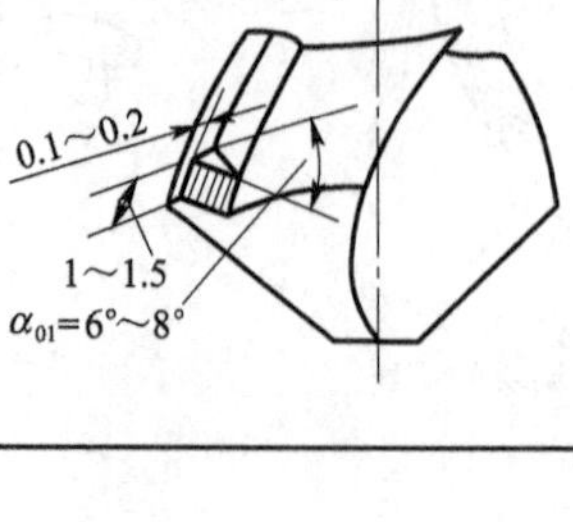	其目的是减少对孔壁的摩擦,提高钻头的耐用度。在靠近主切削刃的一段棱边上,磨出副后角6°～8°,并保留棱边宽度为原来的1/3～1/2

续上表

修磨方法	图示	修磨要求及作用
修磨前刀面	磨去 A A A—A	其目的是在钻削硬材料时，可提高刀齿的强度，在钻削软材料时，还可以避免切削刃过于锋利而扎刀。修磨时，将主切削刃外缘处的前刀面磨去一块，以减少此处的前角
修磨分屑槽	A向 A	其目的是为了使宽屑变窄，便于排屑。修磨时，在两个后刀面上磨出几条相互错开的分屑槽

任务三 钻孔操作

一、选取钻削用量

1. 钻削用量

钻孔时，切削用量包括切削速度、进给量和切削深度三要素，如图 7-10 所示。

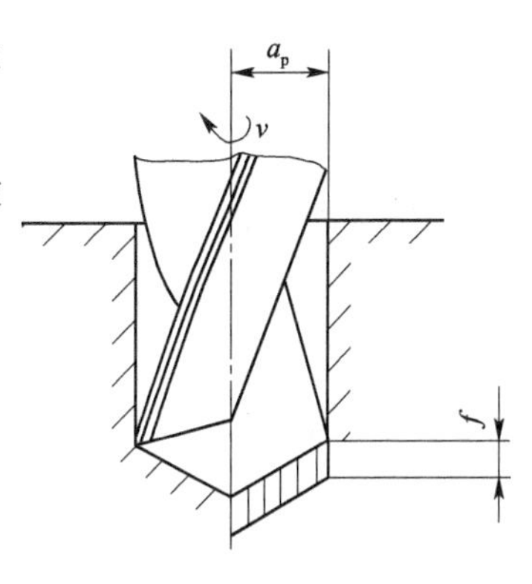

图 7-10 钻削用量选取

（1）切削速度：指钻孔时钻头直径上任一点的线速度。一般指切削刃最外缘处的线速度。

可用下式计算：

$$v = \pi Dn/1\ 000$$

式中：D——钻头直径，mm。

n——钻床转速，r/min。

v——切削速度，m/min。

【例 7-1】 用直径 ϕ10mm 的钻头，用 750r/min 的转速在钢件上钻孔，求钻孔时的切削速度是多少？

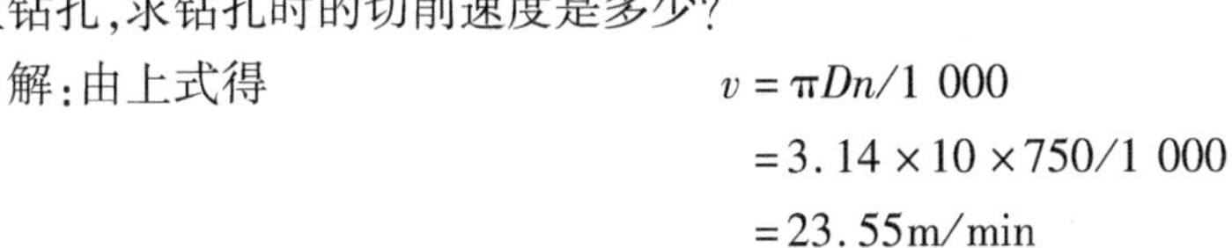

解：由上式得

$$\begin{aligned} v &= \pi Dn/1\ 000 \\ &= 3.14 \times 10 \times 750/1\ 000 \\ &= 23.55\text{m/min} \end{aligned}$$

此钻头在外圆处的切削速度为 23.55m/min。

（2）进给量：钻孔时的进给量是指钻头每转一周，钻头沿孔深方向移动的距离，用符号“f”表示，单位：mm/r。

(3)切削深度:钻孔时的切削深度是指已加工表面与待加工表面之间的垂直距离。也可以理解成是一次走刀所能切下的金属层厚度,用符号“a_p”表示。对钻削来说,切削深度可按以下公式计算:

$$a_p = D/2$$

式中:D——钻头直径,mm。

2. 钻削用量的选择原则

在保证加工精度和表面质量以及刀具合理使用寿命的前提下,尽可能使生产率最高,同时又不允许超过机床的功率和机床、刀具及零件等的强度和刚度。

钻孔时,由于切削深度已由钻头直径所决定,所以只需要选择切削速度和进给量即可。

对钻孔生产率的影响,切削速度 v 和进给量 f 是相同的;对孔的表面粗糙度的影响,进给量 f 比切削速度 v 大;对钻头寿命的影响,切削速度 v 比进给量 f 大。所以,综合以上的影响因素,钻孔时选择切削用量的基本原则是:在允许的范围内,尽量先选较大的进给量 f,当进给量 f 受到表面粗糙度和钻头刚度的限制时,可考虑选择较大的切削速度。

钻床的主轴转速和进给量的选择与钻孔直径、零件材料及钻头的材料等因素有关。

各种材料的切削速度可参考表7-2选择。高速钢标准麻花钻可参考表7-3选择进给量。

切削速度的选择 表7-2

加工材料	硬度HB	切削速度 v(m/min)	加工材料	硬度HB	切削速度 v(m/min)
低碳钢	100~125 125~175 175~225	27 24 21	可锻铸铁	110~160 160~200 200~240 240~280	42 25 20 12
灰铸铁	100~140 140~190 190~220 220~260 260~320	33 27 21 15 9	铸钢 镁合金	低碳 中碳 高碳	24 18~24 15
中、高碳钢	125~175 175~225 225~275 275~325	22 20 15 12	球墨铸铁	140~190 190~225 225~260 260~300	30 21 17 12
合金钢	175~225 225~275 275~325 325~375	18 15 12 10	铝合金 镁合金 铜合金 高速钢	200~250	75~90 20~48 13

进给量的选择 表7-3

钻头直径 D(mm)	<3	3~5	6~12	12~25	>25
进给量 f(mm/r)	0.025~0.05	0.05~0.1	0.10~0.18	0.18~0.36	0.38~0.62

二、零件的装夹方法

零件形状的不同,钻孔直径大小以及切削力大小的不同,要采用不同的安装方法,才能保证钻孔时的安全和钻孔的质量。常用的装夹方法有：

(1)平整的零件，可用平口钳装夹，如图 7-11 所示。装夹时，应使零件的钻孔表面与钻头直径垂直。钻头直径大于 10mm 时，必须将平口钳用螺栓、压板固定。

(2)圆柱形零件截面孔，用 V 形铁对零件进行装夹，如图 7-12 所示。装夹时，应使钻头轴心线与 V 形体二斜面的对称平面重合，保证钻出孔的中心线通过零件轴心线。

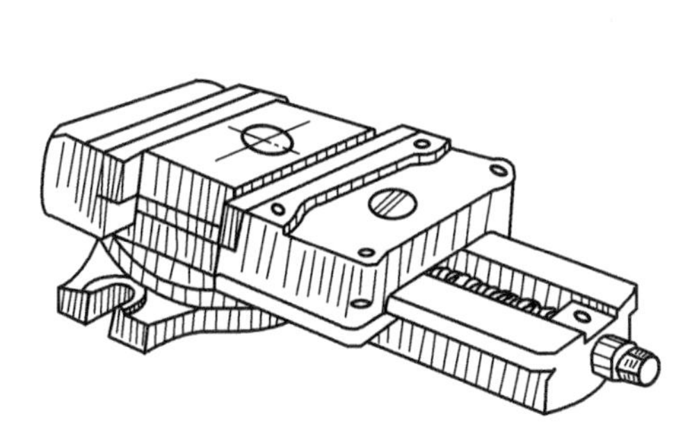

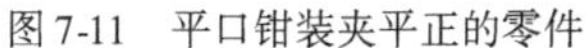

图 7-11　平口钳装夹平正的零件

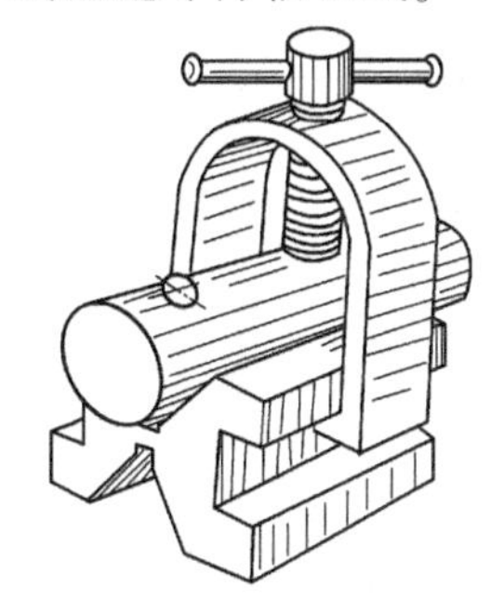

图 7-12　V 形铁装夹圆柱形零件

(3)对直径在 100mm 以上的较大零件，可用压板夹持的方法装夹，如图 7-13 所示。装夹时，压板螺栓应尽量靠近零件，垫铁应比零件压紧表面稍高，避免零件在夹紧过程中移动。如果被压表面为已加工表面，要用衬垫进行保护，防止压出印痕。

(4)底面不平或加工基准在侧面的零件，可用角铁进行装夹，如图 7-14 所示。钻孔时，须将角铁固定在钻床工作台上。

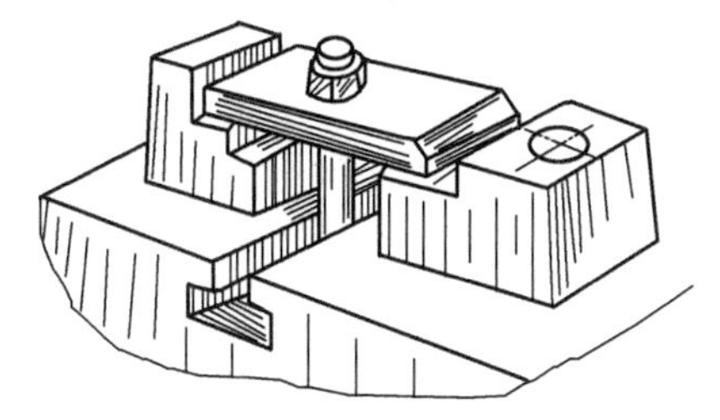

图 7-13　压板夹持零件

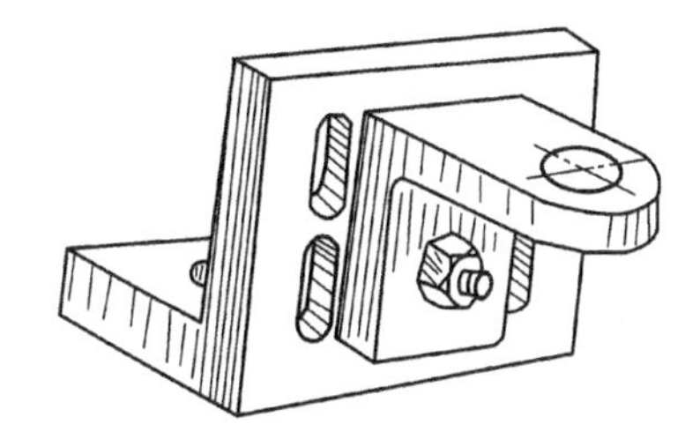

图 7-14　角铁装夹零件

(5)在小型零件或薄板件上钻小孔，可用手虎钳进行夹持，如图 7-15 所示。

除了以上五种零件的装夹方法外，在成批和大量生产中，钻孔时还广泛应用钻模夹具。钻模的形式很多，图 7-16 所示的为其中的一种。在零件上装夹着钻模，在钻模上装有淬过火的耐磨性很高的钻套，用来引导钻头。钻套的位置是根据零件要求钻孔的位置而确定的。因而，应用钻模钻孔时，可以免去划线工作。用钻模钻孔的精度可提高一级，表面质量也有所提高。

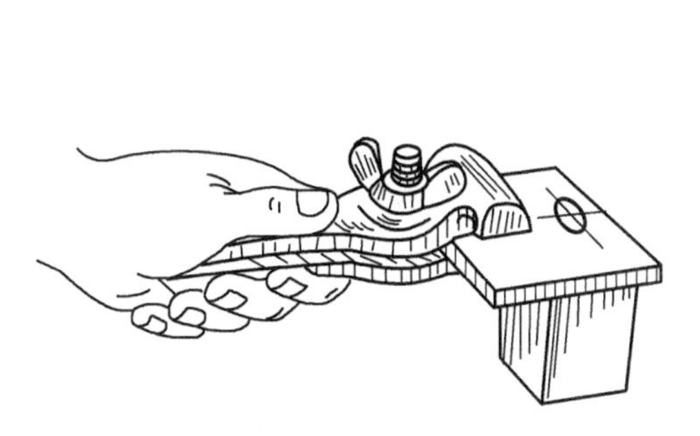

图 7-15　手虎钳装夹零件

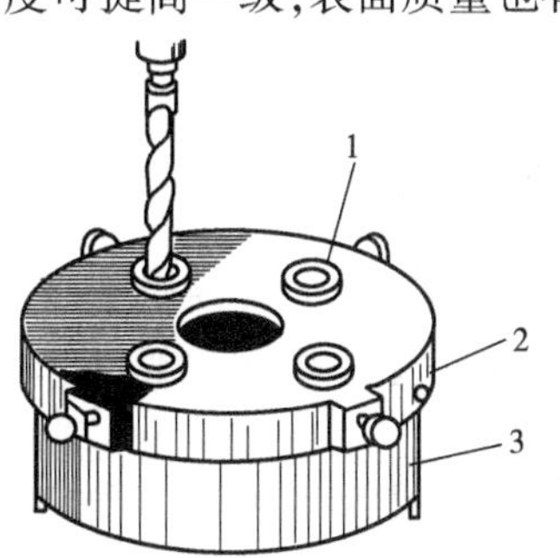

图 7-16　钻模装夹零件

1-钻套；2-钻模；3-工件

三、钻头的装拆

直柄钻头是用钻夹头夹紧后装入钻床主轴锥孔内的,可用钻夹头紧固扳手夹紧或松开钻头如图 7-17a)所示。锥柄钻头的拆装,当钻头锥柄与主轴锥孔的锥度号相同时,可直接将钻头装在主轴上。当钻头锥柄与主轴锥孔的锥度号不相同时,应选择适当的钻头套,再将钻头套与钻头一起装在主轴上。安装时,应在钻头下方放一块垫铁,用力压下手柄,将钻头装紧,如图 7-17b)所示。拆卸时,左手握住钻头,右手将斜铁插入主轴的长圆孔内,用手锤轻敲斜铁尾部,拆出钻头,如图 7-17c)所示。

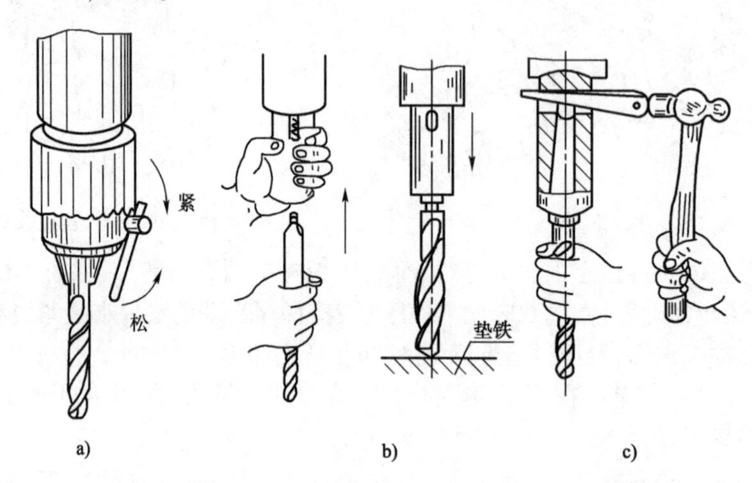

图 7-17　钻头的装拆

a)用钻夹头装夹钻头;b)锥柄钻头的安装;c)锥柄钻头的拆卸

四、转速的调整

用直径较大的钻头钻孔时,主轴转速应较低;用小直径的钻头钻孔时,主轴转速可较高,但进给量要小些。主轴的变速可通过调整钻床带轮组合或变速手柄来实现。

五、起钻

钻孔时,先使钻头对准钻孔中心起钻出一浅坑,观察钻孔位置是否正确。如偏位,需进行校正。校正方法为:如偏位较少,可在起钻的同时用力将零件向偏位的反方向推移,得到逐步校正;如偏位较多,可在校正中心打上几个样冲眼或用錾子凿出几条槽来加以纠正。

六、手动进给

进给时,用力不应过大,否则钻头易产生弯曲;钻小直径孔或深孔时要经常退出钻头排屑;孔将穿时,进给力必须减小,以防造成扎刀现象。

七、钻孔时的切削液

为提高钻头的耐用度和改善孔的加工质量,钻钢件时,一般要使用切削液,可选用 3% ~ 5% 的乳化液或机油作为切削液;钻铸铁时,一般不用。

八、钻孔加工时钻头损坏及废品产生的原因和防止

1. 钻孔加工时废品产生的原因和防止

钻孔加工时废品产生的原因和防止方法如表 7-4 所示。

钻孔加工时废品产生的原因和防止方法　　表 7-4

废品形式	废品产生原因	防止方法
孔径大	(1)钻头两切削刃长度不等,角度不对称; (2)钻头产生摆动	(1)正确刃磨钻头; (2)重新装夹钻头,消除摆动
孔呈多角形	(1)钻头后角太大; (2)钻头两切削刃长度不等,角度不对称	正确刃磨钻头,检查顶角、后角和切削刃
孔歪斜	(1) 零件表面与钻头轴线不垂直; (2)进给量太大钻头弯曲; (3)钻头横刃太长,定心不好	(1)正确装夹零件; (2)选择合适进给量; (3)磨短横刃
孔壁粗糙	(1)钻头不锋利; (2)后角太大; (3)进给量太大; (4)冷却不足,切削液润滑性能差	(1)刃磨钻头,保持切削刃锋利; (2)减小后角; (3)减少进给量; (4)选润滑性能好的切削液
钻孔位偏移	(1)划线或样冲眼中心不准; (2)零件装夹不准; (3)钻头横刃太长,定心不准	(1)检查划线尺寸和样冲眼位置; (2)零件要装稳夹紧; (3)磨短横刃

2. 钻孔时钻头损坏的原因和预防方法

钻孔时钻头损坏的原因和预防方法如表 7-5 所示。

钻孔时钻头损坏的原因和预防方法　　表 7-5

损坏形式	损坏原因	预防方法
钻头工作部分折断	(1)用钝钻头钻孔; (2)进给量太大; (3)切屑塞住钻头螺旋槽,未及时排出; (4)孔快钻通时,进给量突然增大; (5) 零件松动; (6)钻孔产生歪斜,仍继续工作	(1)把钻头磨锋利; (2)正确选择进给量; (3)钻头应及时退出,排出切屑; (4)孔快钻通时,减少进给量; (5)将零件装稳紧固; (6)纠正钻头位置,减少进给量
切削刃迅速磨损	(1)切削速度过高,切削液不充分; (2)钻头刃磨角度与零件硬度不适应	(1)降低切削速度,充分冷却; (2)根据零件硬度选择钻头刃磨角度

任务四　钻孔操作工艺规程

一、划线

1. 准备划线

钻孔前首先应熟悉图样要求,加工好零件的基准,一般基准的平面度≤0.04,相邻基准的

垂直度≤0.04。按钻孔的位置尺寸要求,使用高度尺划出孔位置的十字中心线,要求线条清晰准确;线条越细精度越高。由于划线的线条总有一定的宽度,而且划线的一般精度可达到0.25~0.5mm,所以划完线以后要使用游标卡尺或钢板尺进行检验。

2. 划检验图

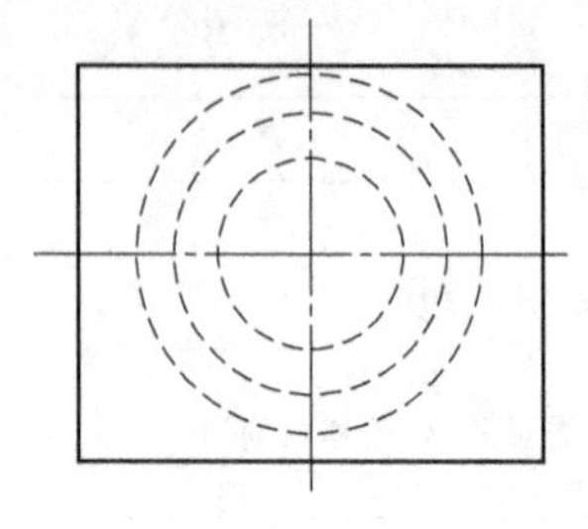
图7-18 检验图

划完线并经检验合格后,还应划以孔中心位置的检验图,并在检验图与孔的十字中心线相交位置打样冲眼,作为试钻孔时的检查线,以便钻孔时检查和校正钻孔位置,根据钻孔工艺流程,可以划出几个大小不一的检验图,如图7-18所示。检验图略大于钻头直径。

3. 打样冲眼

划出相应的检验图后,应认真打样冲眼。先打一小点,在十字中心线的不同方位仔细观察,样冲眼是否打在十字交叉线的中心点上,以便准确落钻定心,这是提高钻孔精度的主要环节,样冲眼打正了,就可使钻心的位置正确,钻孔一次成功;样冲眼打偏了,到钻孔也会偏,所以必须纠正补救,经检查样冲眼的位置准确无误后方可钻孔。打样冲眼有一小巧门,将样冲倾斜,样冲尖放在十字中心线一侧向另一侧缓慢移动,当感觉到某一点有阻塞时,这一点就是十字中心线的中心。

二、装夹

擦拭干净机床台面,零件基准面,将零件在钻具上夹(压)紧,要求装夹平整牢靠,便于观察和测量,以防零件因装夹而变形。

三、试钻

钻孔前必须试钻,使钻头横刀对准孔中心线样冲眼,钻出一浅坑,然后目测浅坑位置是否正确,并要不断纠偏,使浅坑与检验图重合。如果偏离较小,可在起钻的同时用力将零件向偏高的反方向移动,达到逐步校正;如果偏离过多,可在偏移的反方向打几个样冲眼或用錾子錾出几条槽,如图7-19所示。这样做的目的是减小钻头切削阻力,从而在切削过程中使钻头产生偏离,调整钻头中心和孔中心的位置。直至浅坑和校验图重合后,以达到修正的目的,再将孔钻出。

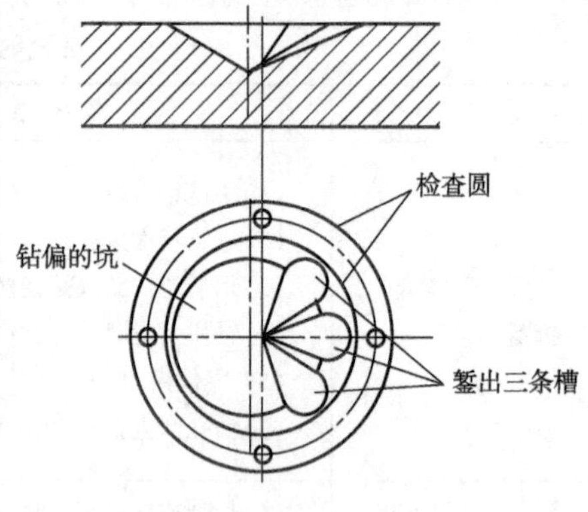

图7-19 钻偏时的纠正方法

注意:无论要用什么方法修正偏离,都必须在锥坑外圆小于钻头直径之前完成。

四、钻孔

钳工钻孔一般以手动操作为主,钻孔时,力量不应使钻头产生弯曲,以防孔轴线歪斜。一般在钻孔深度达到钻孔直径的3倍时,一定要退钻排屑。此后每钻进一些就应排屑,并注意冷却润滑。钻小直径孔或盲孔时,要经常退钻排屑,以防切削阻塞而划伤钻孔内表面或扭断钻头。将钻透时,手动进给力必须减小,以防钻削孔轴线方向抗力突然消失,使零件转动或造成钻头折断。

任务五　钻孔技能训练

一、实训内容

(1)练习钻床空车操作。

(2)按图 7-20 所示,进行钻孔操作练习。

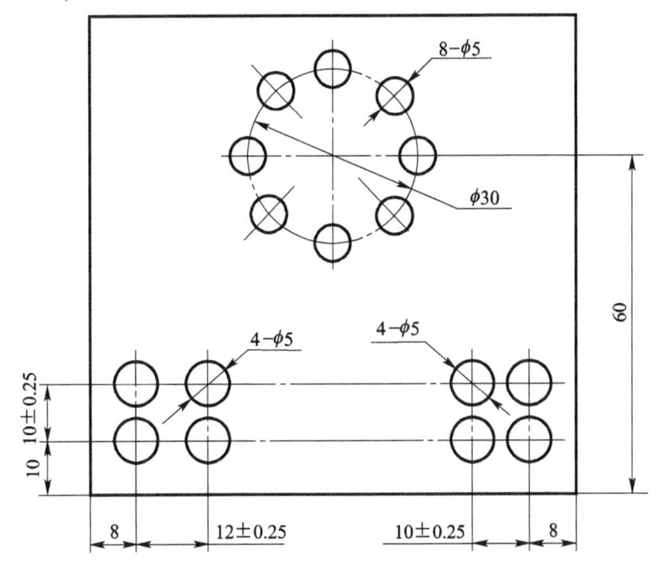

图 7-20　钻孔练习件(尺寸单位:mm)

二、器材准备

游标卡尺、游标高度尺、扁油刷各一把;划线工具、钻头及软钳口各一套;90mm × 90mm × 5mm 板材一块。

三、实训步骤

(1)练习用钥匙转动钻夹头来夹持和拆卸钻头。

(2)根据零件的形状、大小和孔径采用适当的夹持方法。

(3)在板材上进行划线钻孔,达到尺寸要求。

思考题

1. 试述麻花钻的各组成部分的名称及作用是什么?

2. 什么是钻削用量? 选择原则是什么?

3. 钻孔时,零件的夹持有哪几种方法?

4. 钻床的安全操作规程有哪些?

5. 钻直径为 ϕ25mm 孔,钻床以 315r/min 的转速钻孔,问切削速度是多少? 钻孔的切削深度是多少?

项目八　其他孔加工

Z 知识目标

掌握扩孔、锪孔、铰孔的特点和应用。

N 能力目标

能对一般孔进行扩孔、锪孔、铰孔操作。

S 素质目标

培养学生精益求精的精神。

任务一　扩　　孔

一、扩孔与扩孔钻

用扩孔钻或麻花钻等扩大零件孔径的方法,称为扩孔,如图8-1所示。扩孔可以是作为孔的最终加工,也可以作为铰孔等精加工的前一道工序。由于扩孔切削条件大大改善,所以扩孔钻的结构与麻花钻相比有较大不同,如图8-2所示。加工精度可达IT10~IT9,表面粗糙度可达R_a6.3~3.2μm。

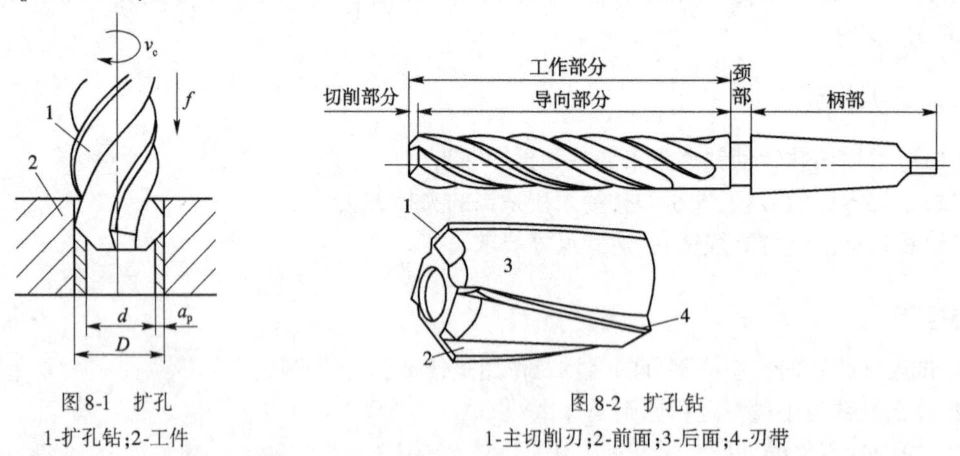

图8-1　扩孔
1-扩孔钻;2-工件

图8-2　扩孔钻
1-主切削刃;2-前面;3-后面;4-刃带

扩孔钻的主要类型有两种,即整体式扩孔钻和套式扩孔钻,其中套式扩孔钻适用于大直径孔的扩孔加工。

二、扩孔加工的特点

(1)因在原孔的基础上扩孔,所以切削量较小且导向性好。

(2)切削速度较钻孔时小,但可以增大进给量和改善加工质量。

(3)排屑容易,加工表面质量好。

三、常用的扩孔方法

常用的扩孔方法:用标准麻花钻扩孔和用扩孔钻扩孔两种。

1. 用标准麻花钻扩孔

在实际生产中,为降低生产成本,可以直接用麻花钻来扩孔。比如,在实体材料上钻孔,如果孔径较大,不能用大直径麻花钻一次钻出,可先用较小的钻头钻出小孔,然后用大直径的麻花钻进行扩孔,如图 8-3 所示。

由于标准麻花钻外缘处前角较大,易出现扎刀现象,因此应适当磨小钻头外缘处前角,并适当控制进给量。用标准麻花钻扩孔,扩孔前的钻孔直径为 0.5 ~0.7 倍的要求孔径,扩孔时的切削速度约为钻孔时的 1/2,进给量为钻孔时 1.5 ~2 倍。

2. 用扩孔钻扩孔

专门用于扩孔的刀具,其工作部分如图 8-4 所示,其结构与麻花钻有较大区别。

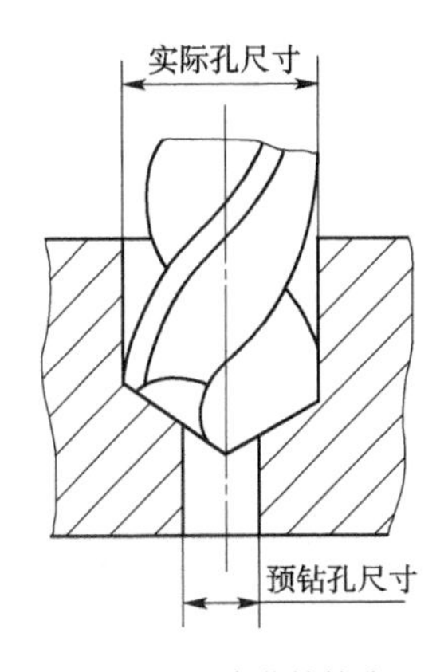

图 8-3 用麻花钻扩孔

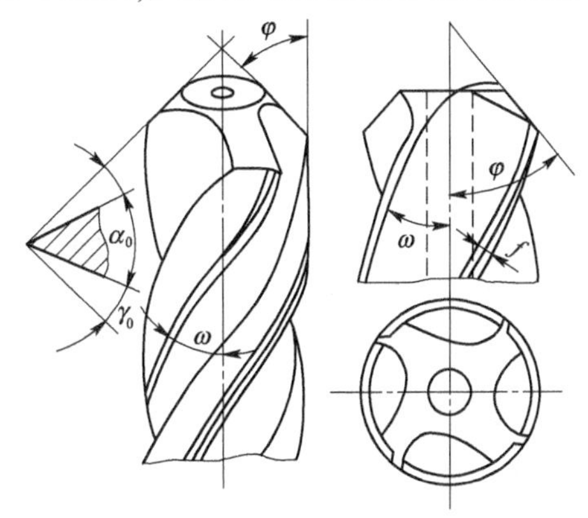

图 8-4 扩孔钻的工作部分

扩孔钻有如下特点:

(1)因中心部分不参与切削,可以不要横刃,切削刃只做成靠边缘的一段即可。

(2)扩孔加工产生的切屑体积较小,不需要大容屑槽,因此,扩孔钻可以将钻心加粗,提高其刚度。

(3)容屑槽减小了,扩孔钻可以做成多齿的,增强导向作用。一般整体扩孔钻有 3 ~4 个齿。

(4)因切削深度较小,切削角可取较大的值,切削省力。

由于以上原因,扩孔钻的加工质量更高。扩孔钻多用于成批大量生产。

3. 扩孔的一些常用方法及注意事项

(1)对于在实体材料上加工,常在钻孔后再扩孔。一般在钻孔后,不改变零件和钻床主轴相对位置,立即换上扩孔钻进行扩孔,这样可以保证扩孔钻的中心与预钻孔中心重合,从而保证加工质量。

(2)对铸造孔或锻造孔进行扩孔:在扩孔前,先用镗孔刀在被扩孔端部镗出一段直径与扩孔钻相同的导向孔,如图 8-5a)所示,再用扩孔钻进行扩孔,如图 8-5b)所

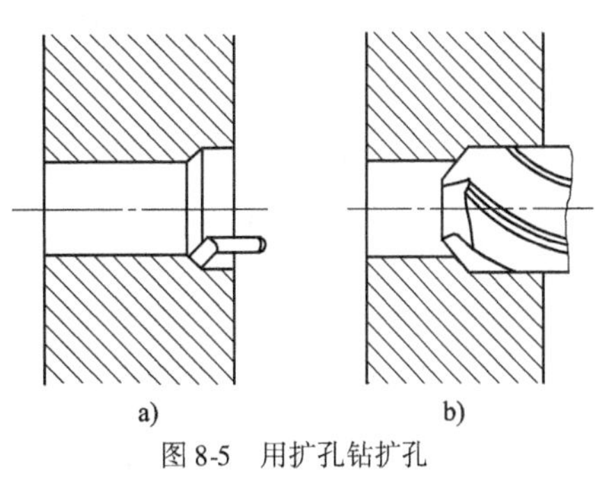

图 8-5 用扩孔钻扩孔

示。这样便于准确定位,使扩孔钻不会因原孔的偏移而偏移。

(3)用专用卡具:对于成批量生产时,可做专用的卡具装夹零件,用钻套为导向进行扩孔。

任务二　锪　孔

一、锪孔与锪孔钻

用锪孔钻加工已加工孔的孔口,进行一定形状的切削加工,称为锪孔。

1. 锪孔的作用

(1)保证孔口与孔中心线的垂直度,以便与孔连接的零件位置正确,连接可靠。

(2)在零件的连接孔端锪出柱形或锥形埋头孔,用埋头螺钉埋入孔内把有关零件连接起来,使外观整齐,装配位置紧凑。

(3)将孔口端面锪平,并与孔中心线垂直,能使连接螺栓(或螺母)的端面与连接件保持良好接触。

2. 锪钻的种类及用途

锪钻的种类有:柱形锪钻(图 8-6)、锥形锪钻(图 8-7)、端面锪钻(图 8-8)三种。

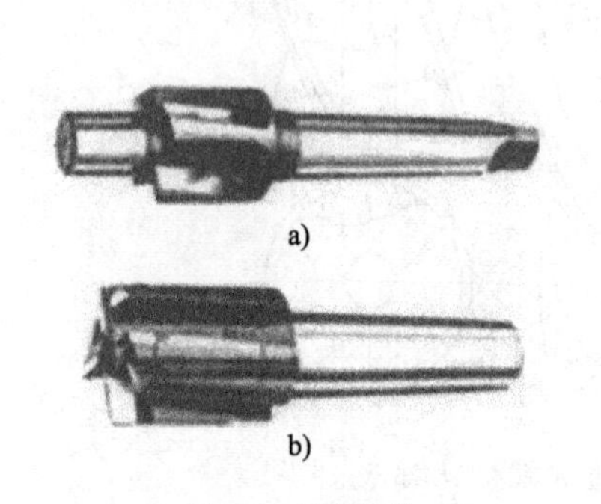

图 8-6　柱形锪钻

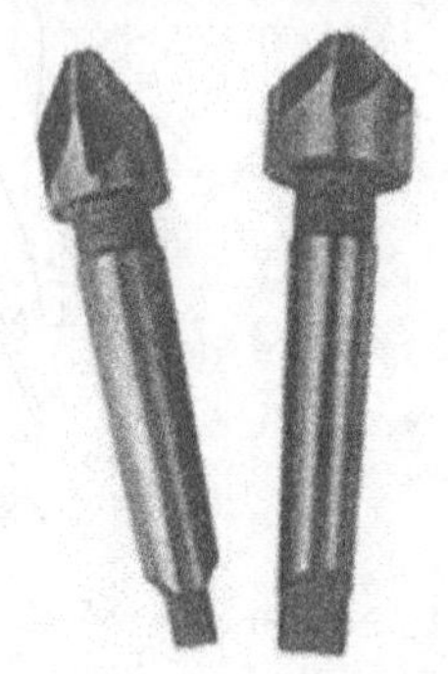

图 8-7　锥形锪钻

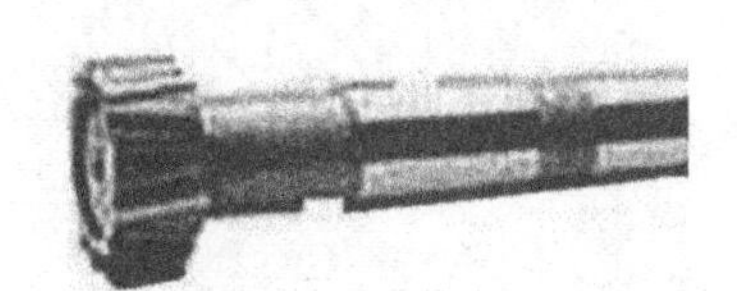

图 8-8　端面锪钻

(1)柱形锪钻用于锪圆柱形埋头孔,如图 8-9a)所示。柱形锪钻起主要切削作用的是端面刀刃,螺旋槽的斜角就是它的前角。锪钻前端有导柱,导柱直径与零件已有孔为紧密的间隙配合,以保证良好的定心和导向。这种导柱是可拆的,也可以把导柱和锪钻做成一体。

(2)锥形锪钻用于锪锥形孔,如图 8-9b)所示。锥形锪钻的锥角按零件锥形埋头孔的要求不同,有 60°、75°、90°、120°四种。其中 90°的用得最多。

(3)端面锪钻专门用来锪平孔口端面,如图 8-9c)所示。端面锪钻可以保证孔的端面与孔中心线的垂直度。当已加工的孔径较小时,为了使刀杆保持一定强度,可将刀杆头部的一段直径与已加工孔为间隙配合,以保证良好的导向作用。

锪钻是标准工具,由专业厂生产,可根据锪孔的种类选用,也可以用麻花钻改磨成锪钻。

二、锪孔注意事项

锪孔方法和钻孔方法基本相同。锪孔时存在的主要问题是由于刀具振动而使所锪孔口的端面或锥面产生振痕,使用麻花钻改制锪钻,振痕尤为严重。为了避免这种现象,在锪孔时应注意以下几点。

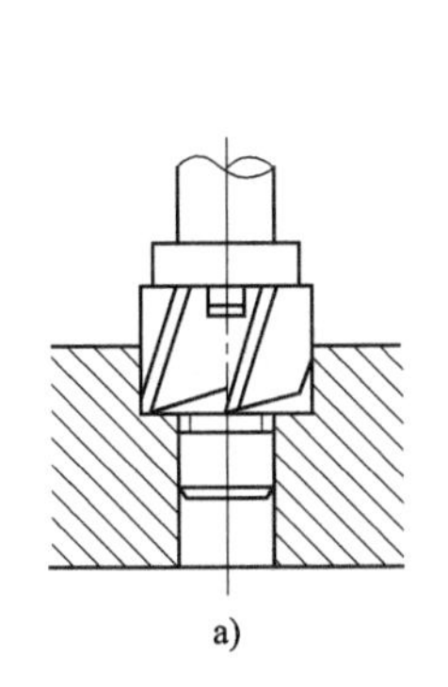
a)

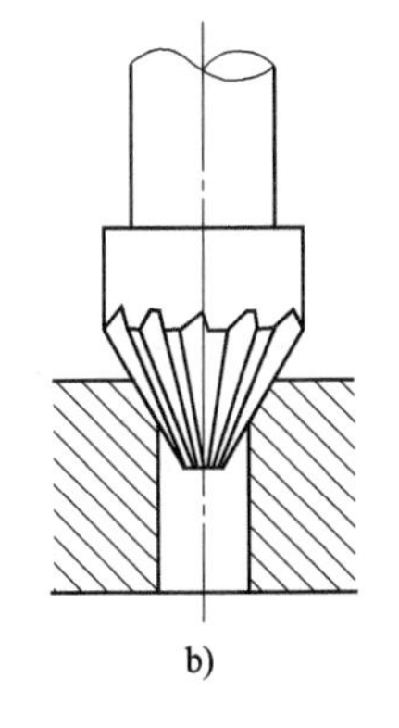
b)

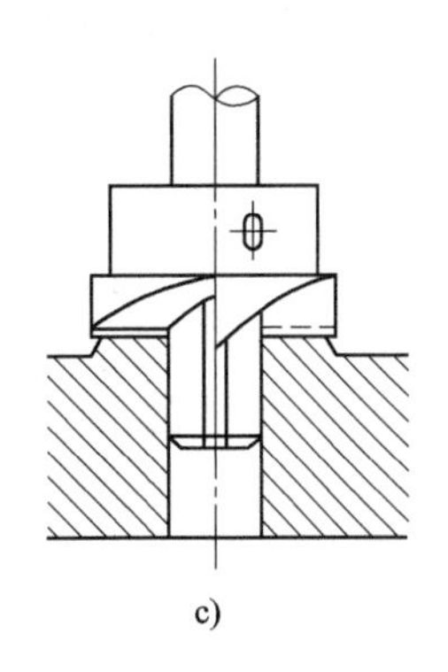
c)

图 8-9　锪钻用途

a）锪圆柱形沉孔；b）锪圆锥形沉孔；c）锪孔口的凸台面

（1）锪孔时的切削速度应比钻孔低，一般为钻孔切削速度的 1/3 ~ 1/2。同时，由于锪孔时的轴向抗力较小，所以手进给压力不宜过大，并要均匀。精锪时，往往采用钻床停车后主轴惯性来锪孔，以减少振动而获得光滑表面。

（2）锪孔时，由于锪孔的切削面积小，标准锪钻的切削刃数目多，切削较平稳，所以进给量为钻孔的 2 ~ 3 倍。

（3）尽量选用较短的钻头来改磨锪钻，并注意修磨前面，减小前角，以防止扎刀和振动。用麻花钻改磨锪钻，刃磨时，要保证两切削刃高低一致、角度对称，保持切削平稳。后角和外缘处前角要适当减小，选用较小后角，防止多角形，以减少振动，以防扎刀。同时，在砂轮上修磨后再用油石修光，使切削均匀平稳，减少加工时的振动。

（4）锪钻的刀杆和刀片，配合要合适，装夹要牢固，导向要可靠，零件要压紧，锪孔时不应发生振动。

（5）要先调整好零件的螺栓通孔与锪钻的同轴度，再作零件的夹紧。调整时，可旋转主轴作试钻，使零件能自然定位。零件要夹紧稳固，以减少振动。

（6）为控制锪孔深度，在锪孔前可对钻床主轴（锪钻）的进给深度，用钻床上的深度标尺和定位螺母，作好调整定位工作。

（7）当锪孔表面出现多角形振纹等情况，应立即停止加工，并找出钻头刃磨等问题，及时修正。

（8）锪钢件时，因切削热量大，要在导柱和切削表面加润滑油。

任务三　铰　　孔

一、铰孔概述

用铰刀从零件的孔壁上切除微量金属层，以得到精度较高孔的加工方法，称为铰孔。铰孔属于精加工，尺寸公差等级可达 IT9 ~ IT7，表面粗糙度 R_a 值可达 1.6 ~ 0.8μm，如图 8-10 所示。

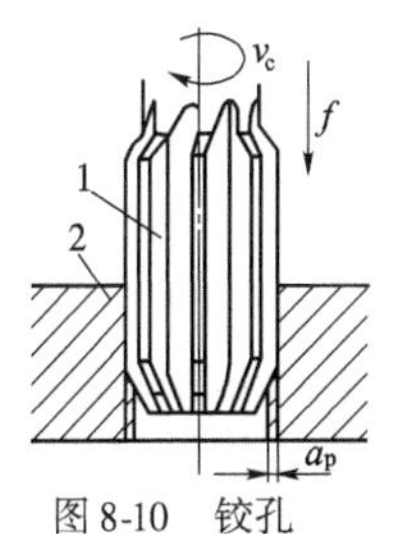

图 8-10　铰孔

1-铰刀；2-工件

二、铰刀的种类

铰刀的种类很多，钳工常用的铰刀有以下几种。

1. 整体圆柱铰刀

整体圆柱铰刀按使用方法的不同,分为手用铰刀和机用铰刀两种,如图 8-11 所示。铰刀由工作部分、颈部和柄部三个部分组成。工作部分由切削部分和校准部分组成。适用于铰削标准直径系列的孔。

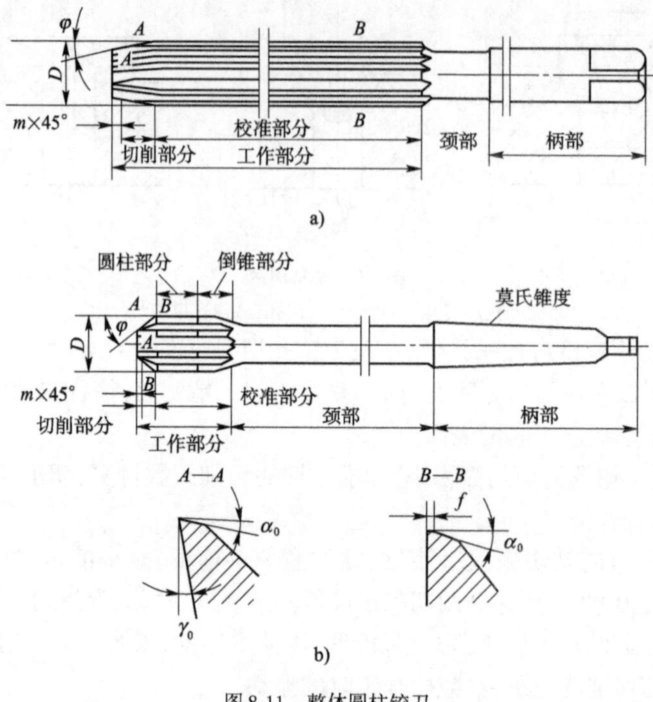

图 8-11 整体圆柱铰刀

a)手用铰刀;b)机用铰刀

标准圆柱铰刀直径上一般留有 0.005 ~0.02mm 的研磨量。如对孔的精度要求高,须对铰刀进行研磨。

2. 螺旋槽手用铰刀

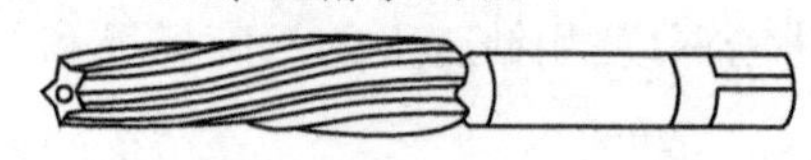

图 8-12 螺旋槽手用铰刀

螺旋槽手用铰刀适用于铰削带键槽孔,如图 8-12 所示。其螺旋槽方向为左旋,能避免铰削时铰刀的自动旋进。使用螺旋槽手用铰刀铰孔,铰削阻力沿圆周均匀分布,铰削平稳,孔壁光滑。

3. 锥铰刀

锥铰刀用于铰削圆锥孔,一般一套有 2 ~3 把,其中一把是精铰刀,其余是粗铰刀。粗铰刀的刀刃上开有呈螺旋形分布的分屑槽,以减轻铰削负荷,如图 8-13 所示。

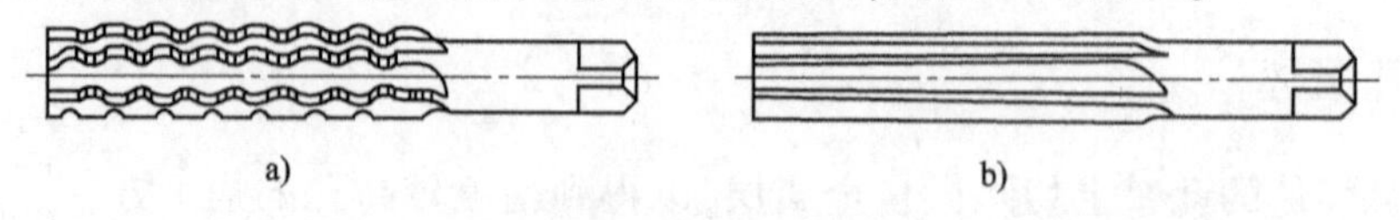

图 8-13 锥铰刀

a)粗铰刀;b)精铰刀

4. 可调节的手铰刀

刀体上开有斜底直槽,将具有同样斜度的刀片嵌在槽内,通过调整调节螺母,使刀片沿斜底直槽移动,即可改变铰刀直径,如图 8-14 所示。多适用于单件生产和修配工作中需要铰削的非标准孔。

三、铰削用量的选择

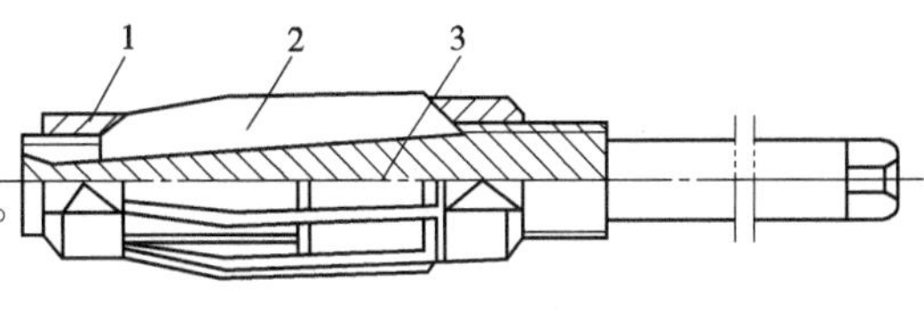

图 8-14　可调节的手铰刀
1-螺母;2-刀片;3-刀体

铰削用量包括铰削余量、切削速度和进给量。铰削用量的选择是否正确、合理,直接影响到铰削质量。

1.铰削余量

铰削余量是指上道工序(钻孔或扩孔)留下来的直径方向上的加工余量。铰削余量不宜太大或太小。铰削余量太小,上道工序残留的变形难以纠正,原有的加工刀痕不能去除,铰孔质量达不到要求,同时铰刀的啃刮现象也很严重。余量太大,则加大每一刀齿的切削负荷,破坏了铰削的稳定性,增加了切削热,使铰刀的直径胀大,孔径也随之扩大。同时,切屑呈撕裂状,使加工表面变得粗糙。铰削余量应按孔径的大小来选择,同时还应考虑铰孔的精度、表面粗糙度、材料的软硬和铰刀的类型等因素。铰削余量的选择见表 8-1。

铰削余量的选择　　表 8-1

铰刀直径(mm)	铰削余量(mm)	铰刀直径(mm)	铰削余量(mm)
<6	0.05~0.1	>18~30	一次铰:0.2~0.3; 二次铰、精铰:0.1~0.15
>6~18	一次铰:0.1~0.2; 二次铰、精铰:0.1~0.15	>30~50	一次铰:0.3~0.4; 二次铰、精铰:0.15~0.25

注:二次铰时,粗铰余量可取一次铰余量的较小值。

2.机铰时的切削速度和进给量

用高速钢铰刀铰削钢材时,切削速度不应超过 8m/min,进给量约 0.4mm/r。

铰削铸铁时,切削速度不应超过 10m/min,进给量约 0.8mm/r。

铰削铜、铝材料时,切削速度不应超过 12m/min,进给量约 1.2mm/r。

四、铰孔时切削液的选用

铰孔时产生的切屑细碎容易黏附在刀刃上,甚至挤在铰刀与孔壁之间,将孔壁拉毛,使孔径扩大。同时,切削过程中产生的切削热容易引起零件和铰刀的变形。因此,在铰削过程中,必须选用适当的切削液进行清洗、润滑和冷却。切削液的选择见表 8-2。

铰孔时切削液的选用　　表 8-2

加工材料	切削液
钢	(1)10%~20%乳化液; (2)铰孔要求高时,采用30%菜油加70%肥皂水; (3)铰孔要求更高时,可采用茶油、柴油、猪油等
铸铁	(1)不用; (2)低浓度乳化液; (3)煤油(但会引起孔径缩小,最大收缩量0.02~0.04mm)

续上表

加工材料	切削液
铝	(1)2号锭子油; (2)菜油
铜	(1)2号锭子油; (2)2号锭子油与蓖麻油的混合油; (3)煤油与菜油的混合油

五、铰孔方法

1. 手工铰孔

起铰时,用右手通过孔的轴心线施加进刀压力,左手转动铰杠。在铰削过程中,两手用力要均匀、平稳,以免形成喇叭口或使孔径扩大。进给时,要随着铰刀的旋转轻轻加压,以获得较好的表面粗糙度。每次铰削的停歇位置应改变,以避免常在同一处停歇而造成振痕。铰刀只能顺转(包括退刀),因为反转会使切屑卡在孔壁和刀齿的后刀面之间而将孔壁刮毛,又易使铰刀磨损,甚至崩刃。

铰削锥孔时,应经常用相配的锥销检查铰孔尺寸,当锥销能自动插入其全长的80%~85%时应停止铰削。

在铰削过程中,应经常清除切屑,防止孔壁拉毛。如果铰刀被卡住,不能猛力扳转绞杠,应及时取出铰刀,清除切屑和检查铰刀。继续铰削时,应缓慢进给,以防在原处再次卡住。

铰刀使用完毕,要擦干净,并涂上机油。放置时,要注意保护好刀刃,以防碰撞而损坏。

2. 机动铰孔

机动铰孔时,应尽量使零件在一次装夹过程中完成钻孔、扩孔、铰孔的全部工序,以保证铰刀中心与孔中心一致。

开始铰孔时,可采用手动进给,当铰刀进入孔内2~3mm后,改用机动进给。

铰削过程中,应保证充足的冷却润滑液。铰通孔时,铰刀的校准部分不能全部出头,以防孔的下端被刮坏。铰孔完毕后,要在铰刀退出后再停车,否则孔壁会留有刀痕。

六、铰孔加工时铰刀损坏及废品产生的原因和防止

1. 铰孔加工时废品产生的原因和防止

铰孔加工时废品产生的原因和防止方法如表8-3所示。

废品产生的原因和防止方法　　表8-3

废品形式	废品产生原因	防止方法
表面粗糙度达不到要求	(1)铰刀不锋利或有缺口; (2)铰孔余量太大或太小; (3)切削速度太高; (4)切削刃上粘有切屑; (5)铰刀退出时反转,手铰时铰刀旋转不稳; (6)切削液不充分或选择不当	(1)刃磨或更换铰刀; (2)选用合理的铰孔余量; (3)选用合适的切削速度; (4)用油石将切屑磨去; (5)铰刀退出时应顺转,手铰时铰刀应旋转平稳; (6)正确选择切削液,并供应充足

续上表

废品形式	废品产生原因	防止方法
孔成多边形	(1)铰削余量太大,铰刀不锋利; (2)铰削前钻孔不圆; (3)钻床主轴振摆太大,铰刀偏摆太大	(1)减少铰削余量,刃磨或更换铰刀; (2)保证钻孔质量; (3)修理调整钻床主轴旋转精度,正确装夹铰刀
孔径扩大	(1)铰刀与孔轴心线不重合; (2)进给量和铰削余量太大; (3)切削速度太高,使铰刀温度上升,直径增大	(1)钻孔后立即铰孔; (2)减少进给量和铰削余量; (3)降低切削速度,用切削液充分冷却
孔径缩小	(1)铰刀磨损后尺寸变小; (2)铰刀磨钝; (3)铰铸铁时加煤油	(1)调节铰刀尺寸或更换新铰刀; (2)用油石刃磨铰刀; (3)不加煤油

2. 铰孔时铰刀损坏的原因和预防方法

铰孔时铰刀损坏的原因和预防方法如表8-4所示。

刀损坏的原因和预防方法　　表8-4

损坏形式	产生原因	预防方法
过早磨损	(1)刃磨时未及时冷却,使切削刃退火; (2)切削刃表面粗糙度值大,切削刃易磨损; (3)切削液不充分或选择不当; (4)零件材料过硬	(1)刃磨时应及时冷却; (2)用油石刃磨切削刃; (3)正确选择切削液,并供应充足; (4)选用硬质合金铰刀
崩刃	(1)前角和后角太大; (2)机铰时,铰刀偏摆过大; (3)铰刀退出时反转,切屑卡在切削刃与孔壁之间; (4)刃磨时切削刃有裂纹	(1)适当减小铰刀前角和后角; (2)正确装夹铰刀; (3)铰刀退出时应顺转; (4)更换新的铰刀
折断	(1)铰削用量太大; (2)铰刀被卡住,仍继续用力; (3)铰刀轴心线与孔轴心线有倾斜	(1)正确选择铰削用量; (2)应退出铰刀,清除切屑后再铰; (3)两手用力一定要均匀,防止铰刀倾斜

任务四　综合技能训练

一、实训内容

按图8-15将钻孔练习件进行扩孔和锪孔。

二、器材准备

游标卡尺、扁油刷各一个;扩孔钻(用钻头改制)、锥形锪钻(用钻头改制)及软钳口各一套;钻孔练习件一块。

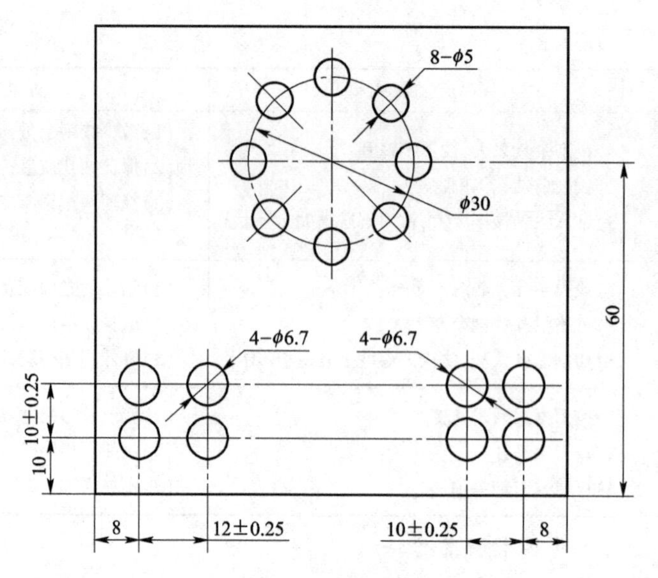

图 8-15　扩孔、锪孔练习件

三、实训步骤

(1)将钻孔练习件二组 2 - ϕ5 孔用扩孔钻扩孔至 2 - ϕ6.7。

(2)用锥形锪钻锪二组 2 - ϕ6.7 及 8 - ϕ5 孔两面锪 2 × 45°。

思考题

1. 什么叫扩孔？扩孔钻与麻花钻有何不同？
2. 简述扩孔加工的特点。
3. 在什么情况下采用扩孔加工？
4. 什么叫锪孔？锪孔的作用是什么？
5. 锪孔的种类有哪些？各有何用途？
6. 什么叫铰孔？钳工常用的铰刀有哪些？

项目九　攻螺纹及套螺纹

Z 知识目标

1. 了解螺纹的基本知识；
2. 掌握攻螺纹和套螺纹的工艺方法。

N 能力目标

1. 能正确计算螺纹底孔直径和圆杆直径；
2. 能运用工具进行普通螺纹的攻螺纹及套螺纹操作。

S 素质目标

培养学生求实、严谨的工作作风。

任务一　了解螺纹的基本知识

一、螺纹

在圆柱或圆锥表面上，沿着螺旋线所形成的具有规定牙型的连续凸起称为螺纹。在外表面上形成的螺纹称为外螺纹；在内表面上形成的螺纹称为内螺纹，如图 9-1 所示。

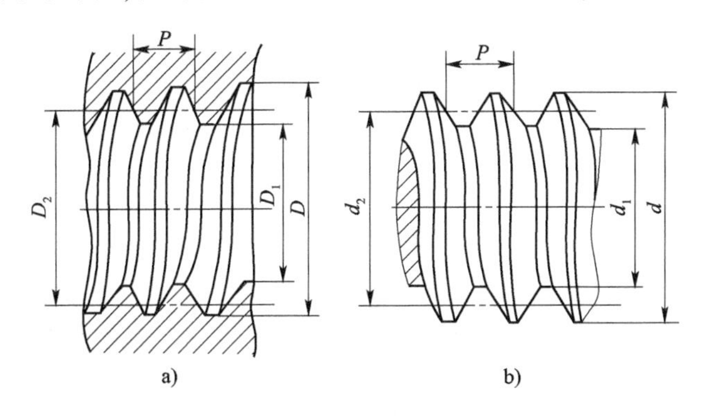

图 9-1　螺纹

a）内螺纹；b）外螺纹

二、螺纹的分类

标准螺纹的种类分为：

- 标准螺纹
  - 普通螺纹
    - 粗牙
    - 细牙
  - 管螺纹
    - 用螺纹密封的管螺纹
    - 非螺纹密封的管螺纹
    - 60°圆锥管螺纹
  - 梯形螺纹
  - 锯齿形螺纹

三、螺纹的主要参数

1. 螺纹的牙型和牙型角

螺纹的牙型是指在通过螺纹轴线的剖面上螺纹的轮廓形状。常见的有三角形、梯形、锯齿形和矩形。

在螺纹的牙型上，两相邻牙侧间的夹角为牙型角，有55°、60°和30°等。

2. 螺纹大径(d 或 D)

螺纹大径是指与外螺纹牙顶或内螺纹牙底相切的假想圆柱或圆锥的直径。米制螺纹的大径是螺纹的直径，称为公称直径，如图9-1所示。

3. 螺纹小径(d_1 或 D_1)

螺纹小径是指与外螺纹牙底或内螺纹牙顶相切的假想圆柱或圆锥的直径。如图9-1所示。

4. 螺纹中径(d_2 或 D_2)

螺纹中径是一个假想圆柱或圆锥（中径圆柱或圆锥）的直径，该假想圆柱或圆锥的母线通过牙型上沟槽和凸起宽度相等的位置。

5. 线数(n)

螺纹的线数是指一个圆柱表面上的螺旋线数目。有单线螺纹、双线螺纹和多线螺纹。

6. 螺距(P)

螺距是指相邻两牙在中径线上对应两点间的轴向距离，如图9-1所示。

7. 导程(P_h)

导程是同一条螺旋线上的相邻两牙在中径线上对应两点间的轴向距离。

$$P_h = nP$$

8. 旋向

旋向是指螺纹在圆柱面或圆锥面上的绕行方向。有右旋和左旋之分，如图9-2a)、图9-2b)所示，常用的多为右旋螺纹。螺纹的旋向一般可用左、右手来判断，如图9-2c)所示。

9. 螺纹的旋合长度

两个相互配合的螺纹沿螺纹轴线方向相互旋合部分的长度。分为短旋合长度(S)、中等旋合长度(N)和长旋合长度(L)三组。常用中等旋合长度。

四、螺纹标记

按国标规定，螺纹的完整标记由螺纹代号、螺纹公差带代号和螺纹旋合长度代号组成。

1. 螺纹代号

粗牙普通螺纹用字母M及公称直径表示；细牙普通螺纹用字母M及公称直径×螺距表

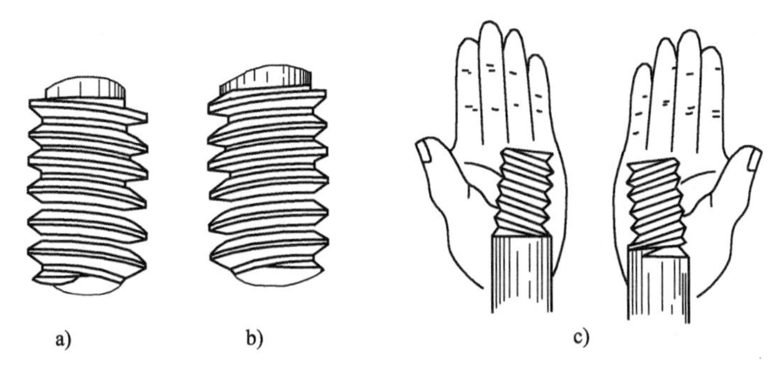

图 9-2 螺纹的旋向及判别

a)左旋螺纹;b)右旋螺纹;c)螺纹旋向判别

示;管螺纹的螺纹代号用螺纹特征代号和尺寸代号表示。非螺纹密封的管螺纹,其螺纹特征代号为 G。标准梯形螺纹用字母 Tr 表示。单线螺纹的尺寸规格用公称直径×螺距表示;多线螺纹的尺寸规格用公称直径×导程(P 螺距)表示。当螺纹为左旋时,在螺纹代号后加“LH”,右旋省略标注。

2. 螺纹公差带代号和螺纹旋合长度代号

螺纹公差带代号包括螺纹中径公差带代号和螺纹顶径(外螺纹的大径或内螺纹的小径)公差带代号。公差带代号由公差等级和基本偏差代号组成。螺纹旋合长度代号有 S、N、L。

3. 螺纹标记示例

M12-5g6g-S 表示粗牙普通螺纹,公称直径 12mm,外螺纹,中径公差带 5g, 顶径公差带 6g,短旋合长度。

M20×1.5-6H-L 表示细牙普通螺纹,公称直径 20mm,螺距 1.5mm,内螺纹,中径和顶径公差带 6H,长旋合长度。

G1/2-LH 表示非螺纹密封的圆柱内螺纹,尺寸代号为 1/2(25.4mm×1/2),左旋。

Tr40×12(P6)LH 梯形螺纹,公称直径 40mm,螺距 6mm,双线,左旋。

五、螺纹测量

一般用螺纹规测量,如图 9-3 所示。螺纹的螺距也可用钢直尺或游标卡尺测量。普通外螺纹的大径常用游标卡尺测量。管螺纹的尺寸代号为管子的通径(孔径),常用游标卡尺测量。

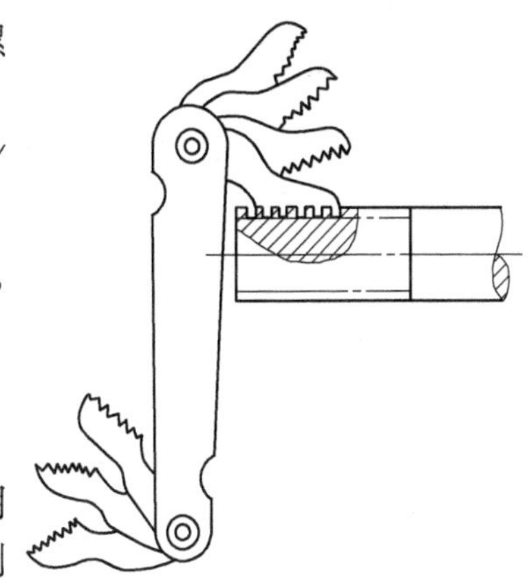

图 9-3 用螺纹规测量螺纹

任务二 攻 螺 纹

用丝锥在孔中切削加工内螺纹的方法称为攻螺纹。

一、攻螺纹工具

1. 丝锥

(1)丝锥的种类。丝锥是加工内螺纹的工具。按使用方法不同,分为手用丝锥和机用丝锥两大类。丝锥按其用途不同可以分为普通螺纹丝锥、英制螺纹丝锥、圆柱管螺纹丝锥、圆锥管螺纹丝锥、板牙丝锥、螺母丝锥、校准丝锥及特殊螺纹丝锥等。其中普通螺纹丝锥(图 9-4)、圆柱管螺纹丝锥(图 9-5)和圆锥管螺纹丝锥(图 9-6),是常用的三种丝锥。

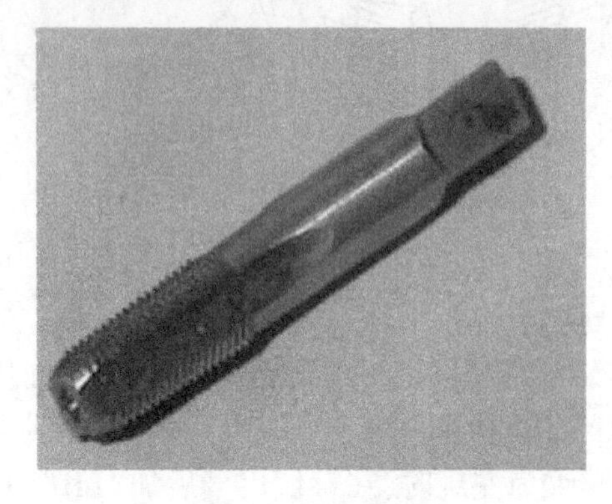

图 9-4 普通螺纹丝锥

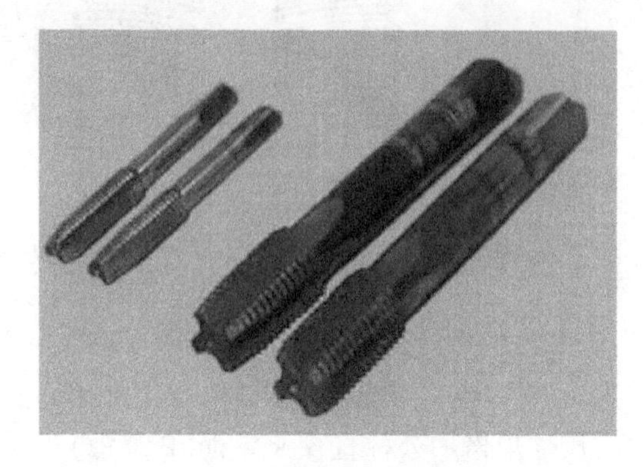

图 9-5 圆柱管螺纹丝锥

(2)丝锥的构造。丝锥由工作部分和柄部组成,如图 9-7 所示。工作部分包括切削部分和校准部分。切削部分磨出锥角 。校准部分具有完整的齿形,柄部有方榫。

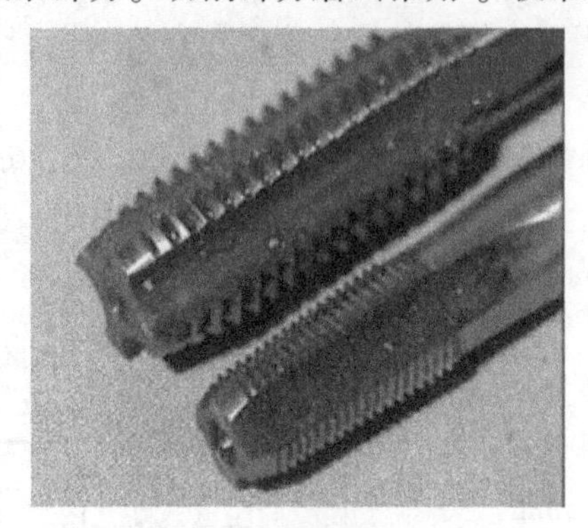

图 9-6 圆锥管螺纹丝锥

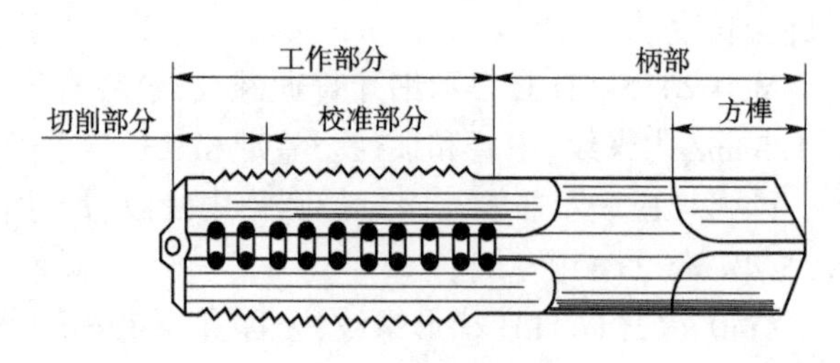

图 9-7 丝锥的结构

切削部分(即不完整的牙齿部分)起主要切削作用;常磨成圆锥形,以便使切削负荷分配在几个刀齿上。头锥的锥角小些,有 5 ~ 7 个牙;二锥的锥角大些,有 3 ~ 4 个牙。

校准部分用来修光和校准已切出的螺纹。丝锥的容屑槽有直槽和螺旋槽两种。一般丝锥都制成直槽,轴向有几条(一般是三条或四条)容屑槽,相应的形成几瓣刀刃(切削刃)和前角。有些专用丝锥制成左旋槽,用来加工通孔,切屑向下排出,也有些制成右旋槽,用来加工不通孔,切屑向上排出。

柄部的方榫,其作用是与铰杠相配合并传递转矩。

丝锥是用来加工较小直径内螺纹的成型刀具,一般选用合金工具钢 9SiGr 制造,并经热处理制成。

攻螺纹时,为减小切削力和延长丝锥使用寿命,一般将整个切削工作量分配给几支丝锥来共同承担。通常 M6 ~ M24 的丝锥每一套有两支;M6 以下及 M24 以上的丝锥每一套有三支;细牙螺纹丝锥不论大小均为两支一套。两支丝锥的外径、中径和内径均相等,只是切削部分的长短和锥角不同。头锥较长,锥角较小,约有 6 个不完整的齿,以便切入。二锥短些,锥角大些,不完整的齿约为 2 个。

2. 铰杠

铰杠是手工攻螺纹时用来夹持丝锥,施加力矩的一种辅助工具。分普通铰杠[图9-8a)、b)]和丁字形铰杠[图9-8c)]两类。每种铰杠又可分为固定式和活络式两种,如图9-8所示。攻制M5以下的螺孔,多使用固定式。活络式铰杠方孔尺寸可调节,规格以柄长表示,常用于夹持M6~M24的丝锥。

铰杠的规格参数为柄长(mm),常用有150、225、275等。

3. 保险夹头

为了提高攻螺纹的生产效率,减轻工人的劳动强度,当螺纹数量很多时,可以在钻床上攻螺纹。在钻床上攻螺纹时,要用保险夹头来夹持丝锥,避免丝锥负荷过大或攻不通孔到达孔底时造成丝锥折断或损坏零件等现象。

常用的保险夹头是锥体摩擦式保险夹头,如图9-9所示。保险夹头本体1的锥柄装在钻床主轴孔中,在本体1的孔中装有轴6,在本体的中段开有四条槽,嵌入四块L形锡锌铝青铜摩擦块3,其外径带有的小锥度与螺套2的内锥孔相配合。螺母4的轴向位置靠螺钉5来固定,拧紧螺套2时,通过锥面作用把摩擦块3压紧在轴6上,本体1的动力便传给轴6。轴6在本体1的孔外部分和7、8、9组成一套快换装置。各种不同规格的丝锥可预先装好在可换夹头9的方孔中(可换夹头的方孔可制成多种不同尺寸),并用紧定螺钉压紧丝锥的方榫,操作滑环8就可在不停车时调换丝锥。

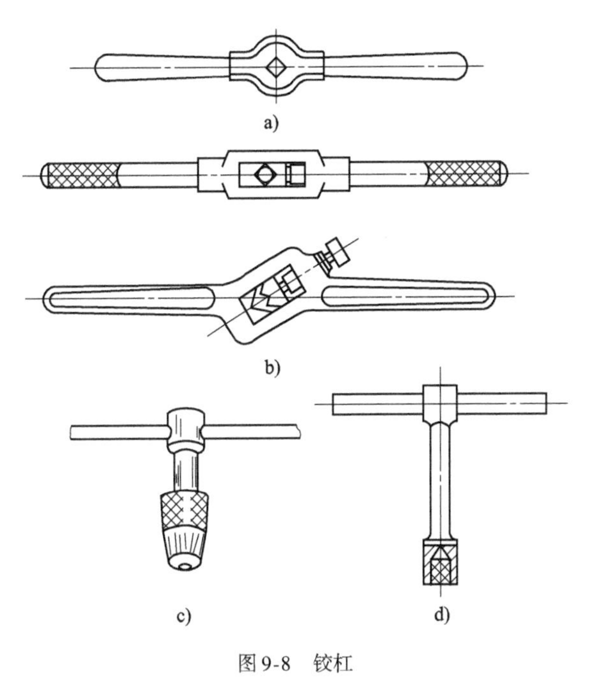

图9-8 铰杠

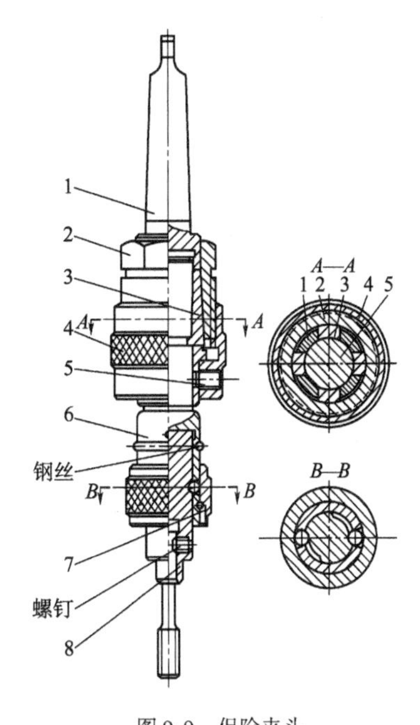

图9-9 保险夹头

1-本体;2-螺套;3-摩擦块;4-螺母;5-螺钉;6-轴;7-滑环;8-可换夹头

二、攻螺纹方法

1. 攻螺纹前螺纹底孔直径的确定

螺纹底孔直径的大小,应根据零件材料的塑性和钻孔时的扩张量来考虑,使攻螺纹时既有足够的空隙来容纳被挤出的材料,又能保证加工出来的螺纹具有完整的牙形(表9-1)。

螺纹底孔直径的确定 表 9-1

被加工材料和扩张量	螺纹底孔直径计算公式	被加工材料和扩张量	螺纹底孔直径计算公式
钢和其他塑性大的材料,扩张量中等	$D_{底}=D-P$	铸铁和其他塑性小的材料,扩张量较小	$D_{底}=D-(1.05\sim1.1)P$

注:$D_{底}$——底孔直径,mm;

D——螺纹大径,mm;

P——螺距,mm。

【例 9-1】 分别在中碳钢和铸铁上攻制 M10 ×1.5 螺纹孔,试确定各自的底孔直径。

解:铸铁扩张量较小,故底孔直径为:

$$D_{底} = D - 1.05P = 10 - 1.05 \times 1.5 = 8.4\text{mm}$$

中碳钢属韧性材料,故底孔直径为:

$$D_{底} = D - P = 8.5\text{mm}$$

钻普通螺纹底孔用钻头直径也可查表选用。钻管螺纹底孔用钻头直径也可计算,但较麻烦,一般可查表选用。攻不通孔螺纹时,一般取:

$$钻孔深度 = 所需螺孔深度 + 0.7D$$

钻普通螺纹底孔选用的钻头直径可参考表 9-2。

攻普通螺纹钻底孔的钻头直径(mm) 表 9-2

螺纹直径	螺距	钻头直径		螺纹直径	螺距	钻头直径	
		铸铁青、黄铜	钢、纯铜			铸铁青、黄铜	钢、纯铜
6	1 0.75	4.9 5.2	5 5.2	16	2 1.5	13.8 14.4	14 14.5
8	1.25 1 0.75	6.6 9.6 7.1	6.7 7 7.2	18	2.5 2 1.5	15.3 15.8 16.4	15.5 16 16.5
10	1.5 1.25 1	8.4 8.6 8.9	8.5 8.7 9	20	2.5 2 1.5	17.3 17.8 18.4	17.5 18 18.5
12	1.75 1.5 1.25	10.1 10.4 10.6	10.2 10.5 10.7	22	2.5 5 1.5	19.3 19.8 20.4	19.5 20 20.5
14	2 1.5 1	11.8 12.4 12.9	12 12.5 13	24	3 2 1.5	20.7 21.8 22.4	21 22 22.5

2. 攻螺纹的注意事项

(1)攻螺纹前螺纹底孔口要倒角(图 9-10),通孔螺纹两端孔口都要倒角。这样可使丝锥容易切入,并防止攻螺纹后孔口的螺纹崩裂。

(2)攻螺纹前,零件的装夹位置要正确,应尽量使螺孔中心线置于水平或垂直位置,其目的是攻螺纹时便于判断丝锥是否垂直于零件平面。

(3)开始攻螺纹时,应把丝锥放正,用右手掌按住铰杠中部沿丝锥中心线用力加压,此时左手配合作顺向旋进(图 9-11);或两手握住铰杠两端平衡施加压力(图 9-13),并将丝锥顺向旋进,保持丝锥中心与孔中心线重合,不能歪斜。

图 9-10　孔口倒角

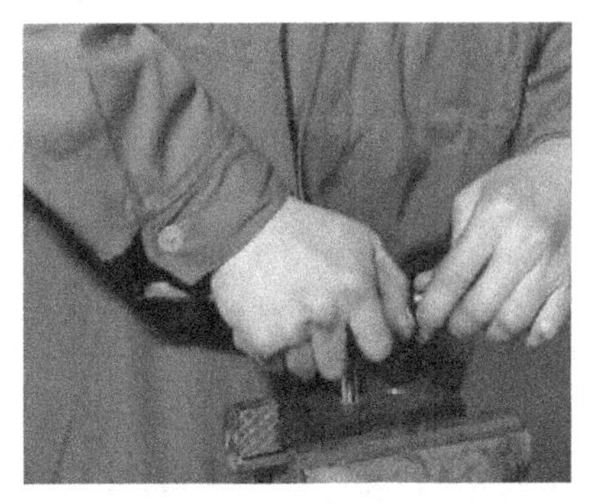

图 9-11　用力加压

当切削部分切人零件 1 ~ 2 圈时,用目测或直角尺检查和校正丝锥的位置(图 9-13)。当切削部分全部切人零件时,应停止对丝锥施加压力,只需平稳的转动铰杠靠丝锥上的螺纹自然旋进。

图 9-12　平衡施加压力

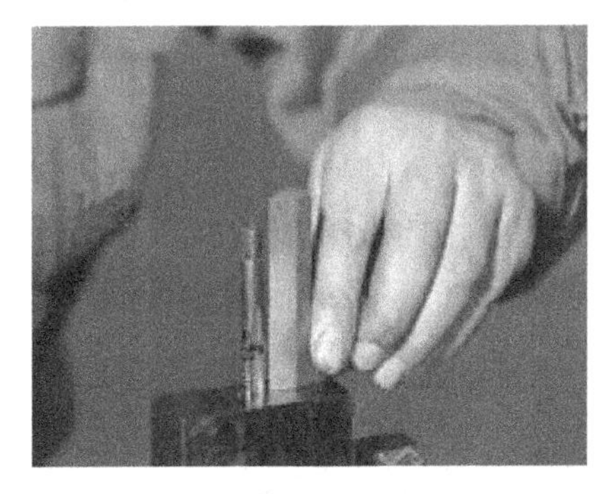

图 9-13　角尺检查

(4)为了避免切屑过长咬住丝锥,攻螺纹时,丝锥每转 1/2 圈至 1 圈时,应将丝锥反方向转动 1/4 圈左右,使切屑碎断后容易排出,如图 9-14 所示。

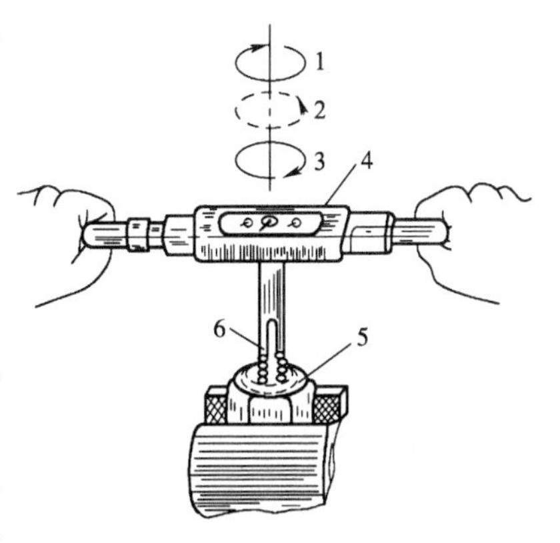

图 9-14　攻螺纹方法

1-顺转圈;2-倒转 1/4 圈;3-再继续顺转;4-纹杠;5-工件;6-丝锥

(5) 攻不通孔螺纹时,要经常退出丝锥,排除孔中的切屑。当将要攻到孔底时,更应及时排出孔底积屑,以免攻到孔底丝锥被轧住,如图 9-15 所示。

(6)攻通孔螺纹时,丝锥校准部分不应全部攻出头,否则会扩大或损坏孔口最后几牙螺纹。

(7)丝锥退出时,应先用铰杠带动螺纹平稳地反向转动,当能用手直接旋动丝锥时,应停止使用铰杠,以防铰杠带动丝锥退出时产生摇摆和振动,破坏螺纹粗糙度。

(8)在攻螺纹过程中,换用另一支丝锥时,应先用手握住旋入已攻出的螺孔中。直到用手旋不动时,再用铰杠进行攻螺纹。

(9)在攻材料硬度较高的螺孔时,应头锥、二锥交替攻削,这样可减轻头锥切削部分的负荷,防止丝锥折断。

(10)攻塑性材料的螺孔时,要加切削液,如图 9-16 所示。一般用机油或浓度较大的乳化液,要求高的螺孔也可用菜油或二硫化钼等。

图 9-15　攻不通孔螺纹

图 9-16　加切削液

任务三　套　螺　纹

套螺纹是用板牙在圆柱或圆锥等表面加工出外螺纹的方法。

1. 圆板牙

圆板牙是加工外螺纹的工具,其外形像一个圆螺母。在它的上面钻有几个排屑孔并形成刀刃。圆板牙由切削部分、校准部分和排屑孔组成。圆板牙的结构如图 9-17 所示。

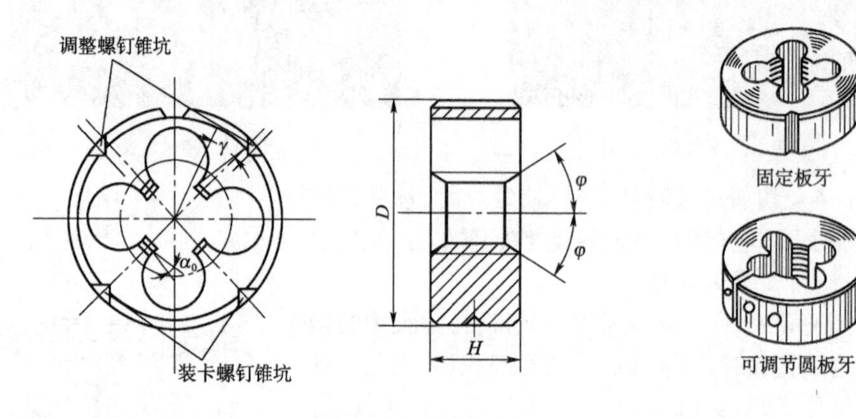

图 9-17　圆板牙

2. 管螺纹板牙

管螺纹板牙分圆柱管螺纹板牙和圆锥管螺纹板牙。

圆柱管螺纹板牙的结构与圆板牙相仿。圆锥管螺纹板牙的基本结构(图 9-18)也与圆板牙相仿,只是在单面制成切削锥,只能单面使用。圆锥管螺纹板牙所有刀刃均参加切削,所以切削时很费力。板牙的切削长度影响管螺纹牙形的尺寸,因此,套螺纹时要经常检查,不能使切削长度超过太多,只要相配件旋入后能满足要求就可以了。

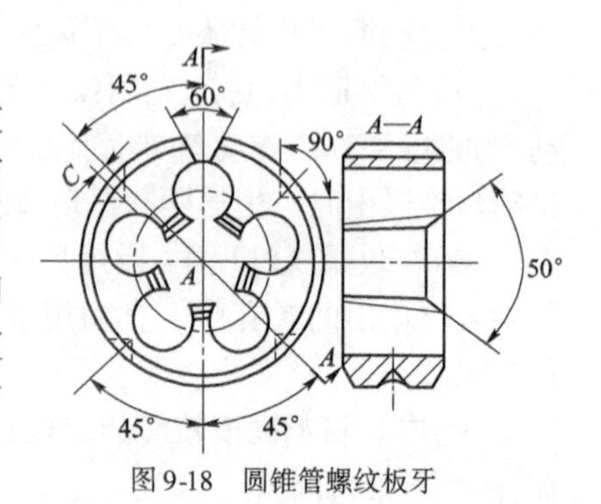

图 9-18　圆锥管螺纹板牙

3. 板牙架

板牙架是装夹板牙的工具，常用的板牙架如图9-19、图9-20所示。板牙架的外圆旋有四只紧定螺钉和一只调松螺钉，使用时，紧定螺钉将板牙紧固在绞杠中，并传递套螺纹时的转矩。当使用的圆板牙带有V形调整槽时，通过调节上面二只紧定螺钉和调整螺钉，可使板牙螺纹直径在一定范围内变动。

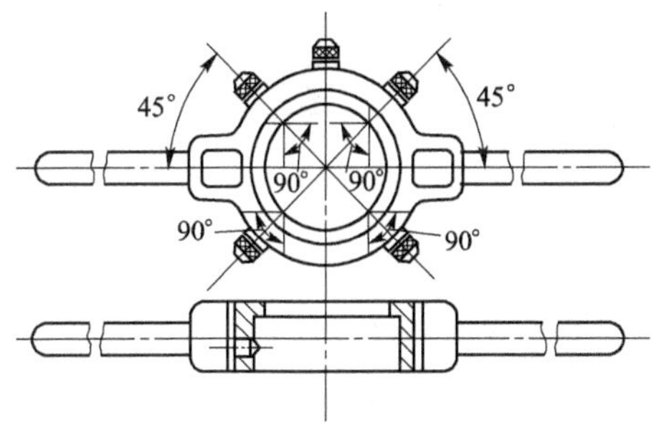

图9-19　常用板牙架1

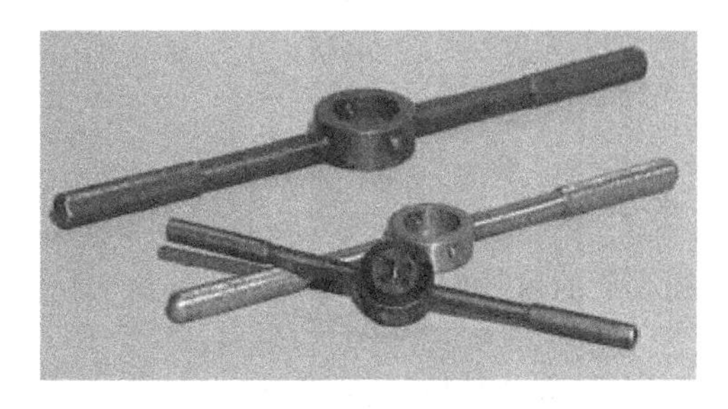
图9-20　常用板牙架2

4. 套螺纹前圆杆直径的确定

套螺纹前圆杆的直径应稍小于螺纹大径的尺寸。一般圆杆直径用下式计算：

$$d_{杆} = d - 0.13P$$

式中：d——螺纹大径，mm；

P——螺距，mm。

工作时，常通过查表选取不同螺纹的圆杆直径，套螺纹前圆杆直径见表9-3。

套螺纹前圆杆直径　　表9-3

粗牙普通螺纹				圆柱管螺纹		
螺纹规格	螺距(mm)	螺杆直径(mm)		螺纹直径(in)	管子外径(mm)	
		最小直径	最大直径		最小直径	最大直径
M6	1	5.8	5.9	1/8	9.4	9.5
M8	1.25	7.8	7.9	1/4	12.7	13
M10	1.5	9.75	9.85	3/8	16.2	16.5
M12	1.75	11.75	11.9	1/2	20.5	20.8
M14	2	13.7	13.85	5/8	22.5	22.8
M16	2	15.7	15.85	3/4	26	26.3
M18	2.5	17.7	17.85	7/8	29.8	30.1
M20	2.5	19.7	19.85	1	32.8	33.1
M22	2.5	21.7	21.85	11/8	37.4	37.7
M24	3	23.65	23.8	11/4	41.4	41.7

5. 套螺纹的注意事项

(1)为使板牙容易对准零件和切入零件，圆杆端部要倒成圆锥斜角为15°~20°的锥体(图9-21、图9-22)。锥体的最小直径可以略小于螺纹小径，使切出的螺纹端部避免出现锋口和卷边而影响螺母的拧入。

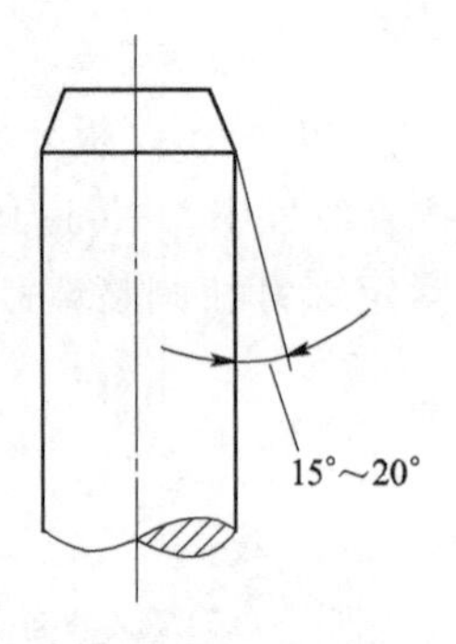

图 9-21 圆杆的倒角

图 9-22 锉刀倒角

(2)为了防止圆杆夹持出现偏斜和夹出痕迹,圆杆应装夹在用硬木制成的 V 形钳口或软金属制成的衬垫中(图 9-23),在加衬垫时,圆杆套螺纹部分离钳口要尽量近(图 9-24)。

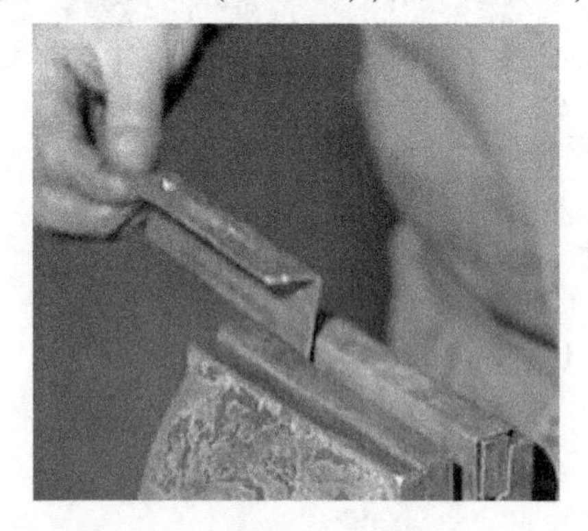

图 9-23 软金属衬垫

图 9-24 圆杆装夹

(3)套螺纹时应保持板牙端面与圆杆轴线垂直(图 9-25),否则套出的螺纹两面会有深浅,甚至烂牙。

(4)在开始套螺纹时,可用手掌按住板牙中心,适当施加压力并转动绞杠。当板牙切入圆杆 1～2 圈时,应目测检查和校正板牙的位置(图 9-26)。当板牙切入圆杆 3～4 圈时,应停止施加压力。而仅平稳地转动绞杠,靠板牙螺纹自然旋进套螺纹。

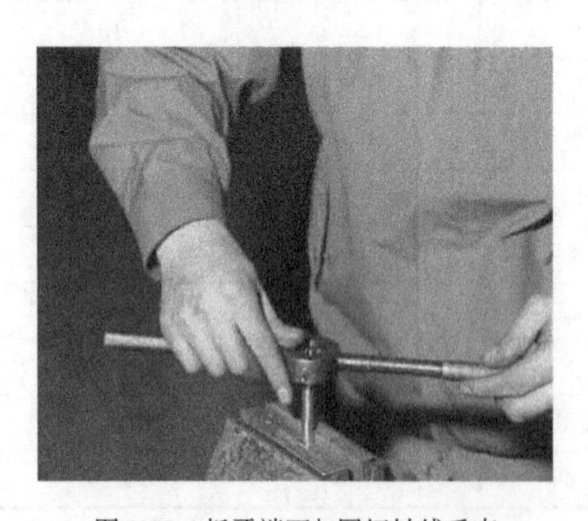

图 9-25 板牙端面与圆杆轴线垂直

图 9-26 检查和校正

(5)为了避免切屑过长,板牙转动 1/2 或 1 圈时要倒转 1/4 圈进行断屑和排屑(图 9-27)。

(6)在钢件上套螺纹时要加切削液,以延长板牙的使用寿命,减小螺纹的表面粗糙度(图 9-28)。

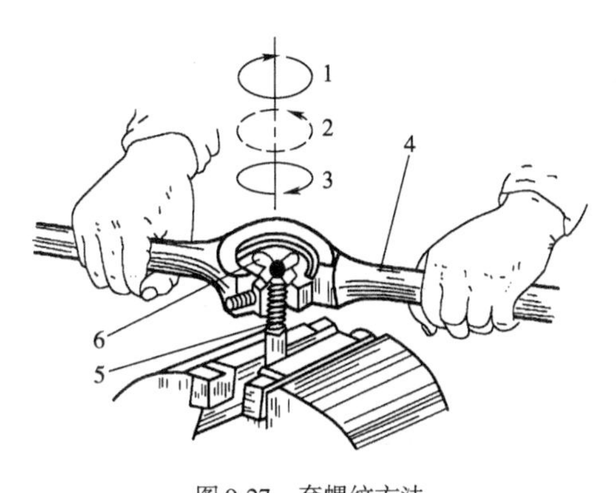

图 9-27　套螺纹方法

1-顺转圈;2-倒转 1/4 圈;3-再继续顺转;4-板牙架;5-工件;6-板牙

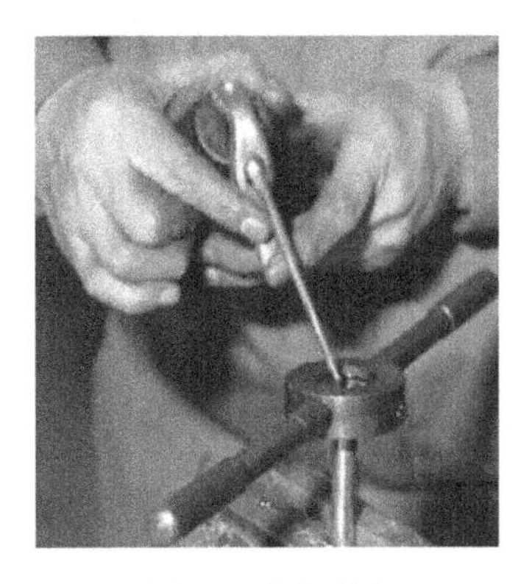

图 9-28　加切削液

任务四　加工螺纹时产生废品的原因及防止方法

加工螺纹时产生废品的原因及防止方法如表 9-4 和表 9-5 所示。

攻螺纹时产生废品的原因及防止方法　　表 9-4

废品形式	产生废品原因	防止方法
螺纹烂牙	(1)螺纹底孔直径太小丝锥不易切入; (2)交替使用头、二锥时,未先用手将丝锥旋入,造成头、二锥不重合; (3)对塑性好的材料,未加切削液或攻螺纹时,丝锥不经常倒转排屑; (4)丝锥磨钝或铰杠掌握不稳;螺纹歪斜过多,强行校正	(1)选择合适的底孔直径; (2)先用手将丝锥旋入,再用铰杠攻削; (3)加切削液,并多倒转丝锥排屑; (4)换新丝锥,或修磨丝锥,双手用力要均衡,防止铰杠歪斜
螺纹形状不完整	(1)攻螺纹前底孔直径太大; (2)丝锥磨钝	(1)选择合适的底孔直径; (2)换新丝锥,或修磨丝锥
螺孔垂直度误差大	(1)攻螺纹时丝锥位置未校正; (2)机攻时,丝锥与螺孔不同轴	(1)要多检查校正; (2)保持丝锥与螺孔的同轴度
螺纹滑牙	(1)丝锥到底仍继续转动丝杠; (2)在强度低的材料上攻小螺纹时,已切出螺纹,仍继续加压	(1)丝锥到底应停止转动丝杠; (2)已切出螺纹时,应停止加压,攻完退出时应取下铰杆

套螺纹时产生废品的原因及防止方法　　表 9-5

废品形式	产生废品原因	防止方法
螺纹烂牙	(1)套螺纹时,圆杆直径太大,起套困难; (2)板牙歪斜太多,强行校正; (3)未进行润滑,板牙未经常倒转断屑	(1)选择合适的圆杆直径; (2)要多检查校正; (3)加切削液,并多倒转丝锥断屑
螺纹形状不完整	(1)套螺纹时,圆杆直径太小; (2)圆板牙的直径调节太大	(1)选择合适的圆杆直径; (2)正确调节圆板牙的直径
套螺纹时螺纹歪斜	(1)板牙端面与圆杆不垂直; (2)两手用力不均匀,板牙歪斜	(1)保持板牙端面与圆杆垂直; (2)两手用力均匀,保持平衡

任务五　螺纹加工技能训练

一、实训内容

(1)利用攻螺纹工具在板料上切出所需的内螺纹,如图9-29a)所示。

(2)利用套螺纹工具在棒料上切出所需的外螺纹,如图9-29b)所示。

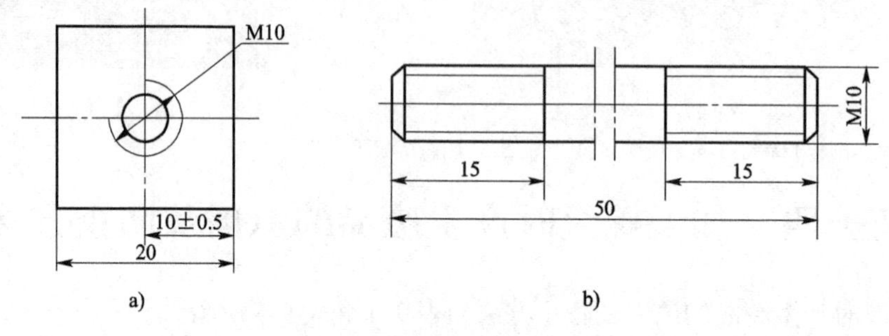

图9-29　攻螺纹与套螺纹练习件(尺寸单位:mm)

a)攻螺纹;b)套螺纹

二、器材准备

游标卡尺、游标高度尺、扁油刷各一个;划线工具、钻头、丝锥、板牙及软钳口各一套;20mm×20mm×5mm 板材一块;φ10mm×50mm 棒材一根;机油或切削液少量。

三、实训步骤

(1)按照图样检查毛坯各部分尺寸,检查无误后在材料上根据图样进行划线操作。

(2)根据加工的要求,选用合适的钻头对板材进行钻孔操作。

(3)在板材上进行攻螺纹,达到尺寸的要求。

(4)将棒料两端锉成锥体,然后选用合适的板牙进行套螺纹加工,达到所要求的尺寸。

思考题

1. 螺纹有哪些种类?

2. 用丝锥分别在铸铁和低碳钢上加工 M12×1.5 螺纹,求各自的底孔直径;若螺孔深度为20mm,求底孔钻孔深度?

3. 用丝锥攻螺纹时,为什么要时常倒转?

4. 攻螺纹时,螺纹产生烂牙的原因是什么?

5. 如何进行攻螺纹操作?操作中应当注意哪些事项?

6. 为什么套螺纹前要检查圆杆直径?其大小怎样决定?为什么要倒角?

7. 如何进行套螺纹操作?

项目十　典型零件工艺分析

Z 知识目标

掌握零件工艺分析方法及钳工工艺步骤的拟定。

N 能力目标

能制定简单零件的钳工工艺步骤。

S 素质目标

培养学生系统的掌握钳工基础知识的能力及创新能力。

任务一　了解钳工工艺过程基本概念

一、工艺认知

工艺是指制造产品的技巧、方法和程序。机械制造过程中，凡是直接改变零件形状、尺寸、相对位置和性能等，使其成为成品或半成品的过程，称为机械制造工艺过程。

二、钳工加工工艺过程的基本概念

1. 生产过程

由原材料制成各种零件，并装配成机器的全过程。包括：原材料的运输、保管，生产准备、毛坯制造、机械加工、装配、检验、试车、油漆、包装等。

2. 工艺过程

在生产过程中，直接改变原材料（毛坯）的形状、尺寸、性能，使之变为成品的过程。

3. 工艺过程的内容

(1)确定生产类型。

(2)零件工艺分析。

(3)确定毛坯制造方式。

(4)选择定位基准拟定工艺路线。

(5)确定各工序的设备及工艺装备。

(6)填写工艺文件。

(7)确定切削用量及时间定额。

(8)确定加工余量及工序尺寸。

任务二　拟定钳工工艺路线

为了保证产品质量、提高生产效率和经济效益，须根据具体生产条件拟定合理的工艺过程，用图表（或文字）的形式写成文件。

一、对加工零件进行工艺分析

（1）检查零件的图纸是否完整正确。

（2）审查零件材料的选择是否恰当。

（3）审查零件的结构工艺性。

（4）分析零件的技术要求。

二、钳工加工方法选择

（1）圆锥表面的加工方法主要是锉刀锉削，当表面粗糙度要求较小时，还需要经砂布光整加工。

（2）内孔表面的加工方法有钻孔、扩孔、铰孔以及光整加工，应根据加工要求、尺寸、具体的生产条件以及毛坯上有无预留加工孔合理选用。

（3）平面主要加工方法有锯削、锉削、錾削，精度要求高的表面还需经研磨或刮削加工。

（4）成型形面的加工方法主要是锉刀锉削。

三、加工顺序

1. 加工阶段的划分

（1）粗加工阶段：切除各加工表面上的大部分余量，并作出精基准。

（2）半精加工阶段：减小粗加工留下的误差，为主要表面的精加工做好准备，并完成一些次要表面的加工。

（3）精加工阶段：保证各主要表面达到图纸规定的要求。

（4）光整加工阶段：进一步减小表面粗糙度、提高精度。

2. 划分加工阶段的目的

（1）保证加工质量。

（2）合理使用设备、工具。

（3）及早发现毛坯的缺陷。

（4）便于组织生产。

3. 加工顺序的安排

（1）钳工加工工序的安排。

①先基准后其他。

②先粗后精。

③先主后次。

④先面后孔。

（2）热处理工序的安排。

①预备热处理：安排在钳工加工之前。

②最终热处理:安排在半精加工之后,研磨加工之前。
③时效处理 :安排在粗加工之后。
(3)检验工序的安排。
①零件从一个车间送往另一个车间的前后。
②零件粗加工阶段结束之后。
③重要工序加工的前后。
④零件全部加工结束之后。

任务三　典型零件工艺分析

一、图样识读

零件图是指导零件生产的重要技术文件,因此,它除了有图形和尺寸外,还必须标有制造该零件时应该达到的一些质量要求,称为技术要求。技术要求的主要内容有:表面粗糙度、极限与配合、形状和位置公差、材料的热处理方法等。这些内容凡有规定代号的,需用代号直接标注在图上,无规定代号的则用文字说明,一般写在标题栏的上方。操作工人通过读图了解零件的名称、所用材料和它在机器或部件中的作用,经过分析,想象出零件各组成部分的结构形状与相对位置,从而在头脑中建立起一个完整的具体的零件形象,对其复杂程度、要求高低和制作方法做到心中有数,以便确定加工过程。下面简要介绍钳工相关图样识读的有关常识,如图 10-1 所示。

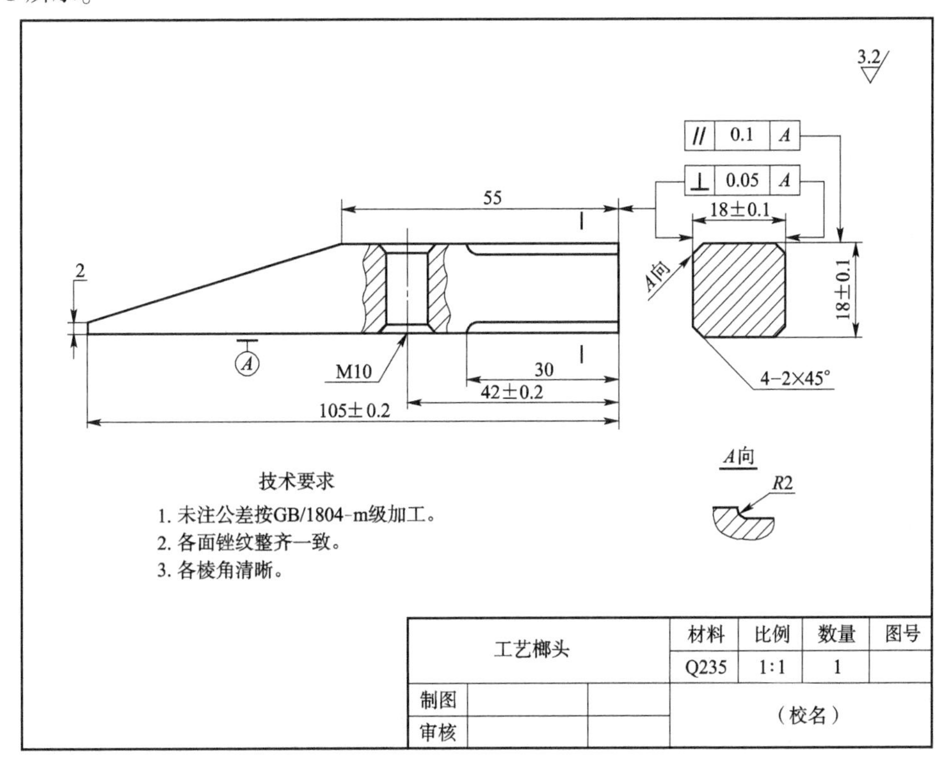

图 10-1　零件图

1. 概括了解

从标题栏中了解零件的名称、材料、数量和用途等，并结合视图初步了解该零件的大致形状和大小。如图10-1的标题栏可知，该零件是工艺榔头，材料是Q235，数量1件。

2. 分析图样表达方法

该零件较简单，用了一个主视图、一个断面图和一个局部视图。

3. 分析形体，想象零件的结构形状

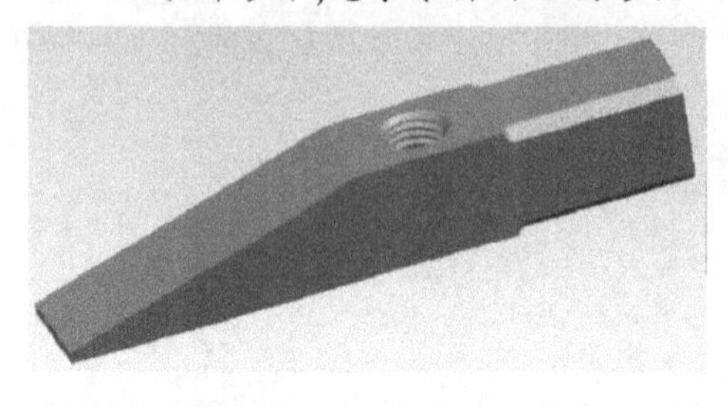

图10-2 工艺榔头

该零件的形状是一个厚度为18 mm×18mm×105mm的长方体，在长方体的左端有一个大斜面。距右端42mm有一个M10螺纹孔，锤头部分棱边倒角2×45°，如图10-2所示。

4. 分析尺寸和技术要求

找出零件各方向上的尺寸基准，分析各部分的定形尺寸、定位尺寸及零件的总体尺寸；了解配合表面的尺寸公差，有关的形位公差及表面粗糙度等。图中各种尺寸标注及代号的含义如表10-1所示。

图中各种尺寸标准代号的含义 表10-1

项目	代号	含义	说明
尺寸公差	18±0.1	尺寸控制在18.1～17.9mm之间为合格	+0.1称为上偏差，-0.1称为下偏差，上、下偏差限定了公称尺寸(18)的允许变动范围
	42±0.2	尺寸控制在42.2～41.8 mm之间为合格	+0.2称为上偏差，-0.2称为下偏差，上下偏差限定了公称尺寸(42)的允许变动范围
	105±0.2	尺寸控制在105.2～104.8mm之间为合格	+0.2称为上偏差，-0.2称为下偏差，上、下偏差限定了公称尺寸(105)的允许变动范围
位置公差	// 0.1 A	表示零件的顶面相对于基准面(零件的底面)的平行度为0.1	当被测要素(基准要素)为线或表面时，指引线箭头(基准符号)应指在(靠近)该要素的轮廓线或其引出线上，并应明显地与尺寸线错开
	⊥ 0.05 A	表示零件的前、后侧面及右端面相对于基准面(零件的底面)的垂直度为0.05	
表面粗糙度	3.2▽	表示图中各表面的粗糙度都要求达到3.2▽	表面粗糙度代号说明了零件上每个表面微观不平的程度。代号中所注的数值越大，表面越粗糙

二、工艺分析

任何零件加工都有多种方法可以选择，为了便于加工，方便测量，保证加工质量，同时减小劳动强度，缩短加工周期，特列举以下加工路线供参考：

检查毛坯—划四方加工线—分别加工第一、二、三面—加工端面—划斜面和第四面加工线—锯斜面和第四面—加工第四面—划螺纹孔加工线—钻孔、孔端倒角—攻螺纹—加工全长—加工斜面—精加工第一、二、三、四面—加工倒角—锐边倒钝、去毛刺—精度复检—砂光（图 10-3）。

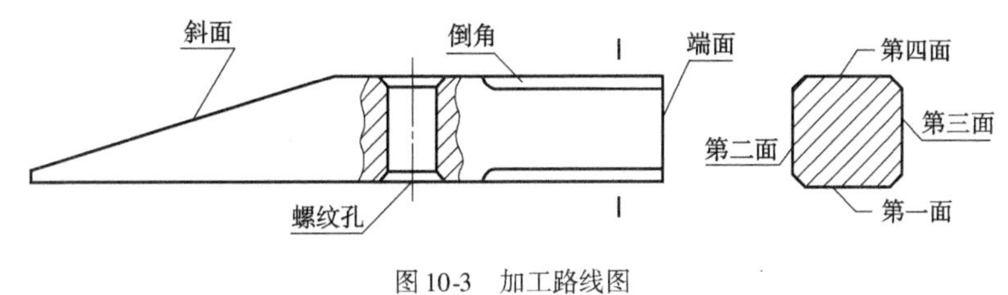

图 10-3　加工路线图

三、工艺步骤

（1）检查毛坯尺寸。

（2）锉削右端面，平面度≤0.06mm。

（3）在右端面上划 18 mm×18mm 四方加工线。

（4）分别锉削第一面、第二面、第三面，各面留精加工余量 0.2mm，平面度≤0.05mm，第二面、第三面与第一面垂直度≤0.06mm。

（5）锉削右端面与第一面垂直度，且垂直度≤0.05mm，平面度≤0.04mm。

（6）以第一面和右端面为基准，划工艺榔头外形加工界线（图 10-4）。

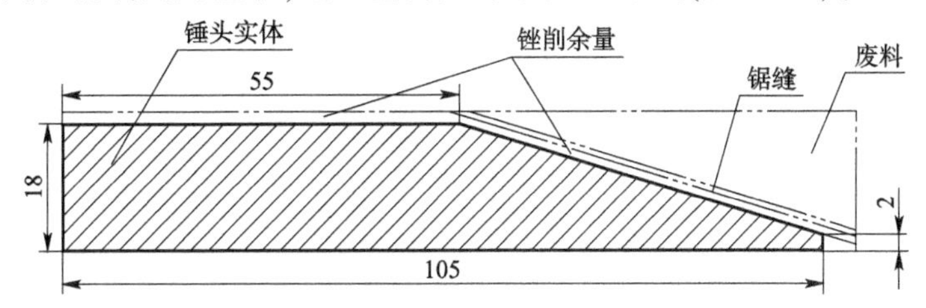

图 10-4　外形加工界线

（7）按图 10-4 锯削工艺榔头外形成。

（8）锉第四面，留 0.2mm 加工余量。

（9）以右端面为基准，划 M10 螺纹孔加工线，如图 10-5 所示。

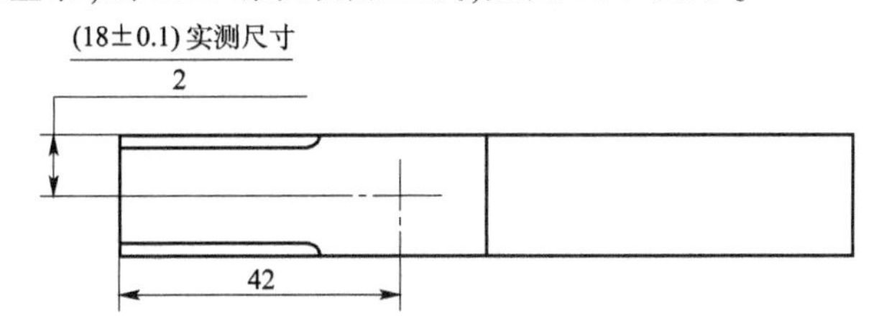

图 10-5　螺纹孔加工线

（10）钻 M10 螺纹底孔 ϕ8.5mm 成。

(11)攻 M10 螺纹孔成。

(12)锉削全长 105 ±0.2 成。

(13)锉削斜面,保证 55mm 及 2mm 尺寸及技术要求。

(14)锉削四面,保证四方(18 ±0.1mm) ×(18 ±0.1mm)尺寸及技术要求。

(15)按图 10-1 划 4-2 ×45°倒角及 4-*R*2 加工界线,先用圆锉加工 *R*2 圆弧,再用板锉加工 2 ×45°倒角,并光滑连接。

(16)锐边倒钝、去毛刺。

(17)全部精度复检。

(18)砂光各表面。

任务四　编制钳工工艺步骤技能训练

一、实训内容

应用前面所学的划线、锯削、锉削、錾削、钻孔、扩孔、铰孔、攻螺纹和套螺纹等钳工加工方法,按零件图要求编制钳工加工的工艺步骤,如图 10-6 所示。

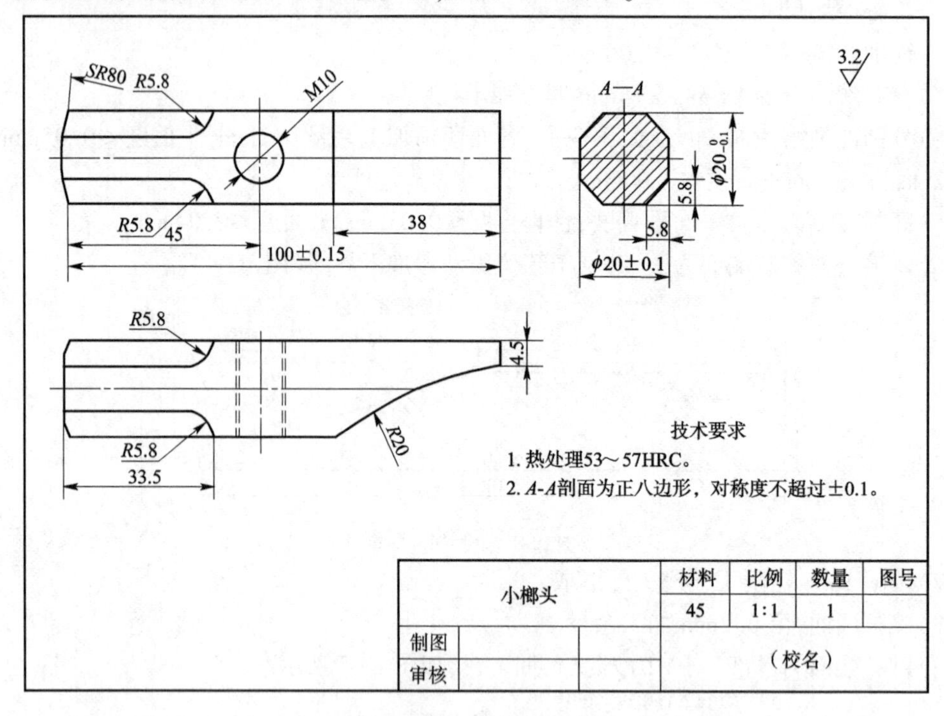

图 10-6　零件图

二、实训步骤

(1)读零件图。

(2)工艺分析。

(3)确定加工工序的加工内容和加工顺序。

(4)编制钳工加工的工艺步骤。

思考题

1. 什么是生产过程？什么是工艺过程？
2. 如何选择钳工加工方法？
3. 如何安排钳工加工工序？
4. 按图 10-7 的零件图，编制钳工加工的工艺步骤。

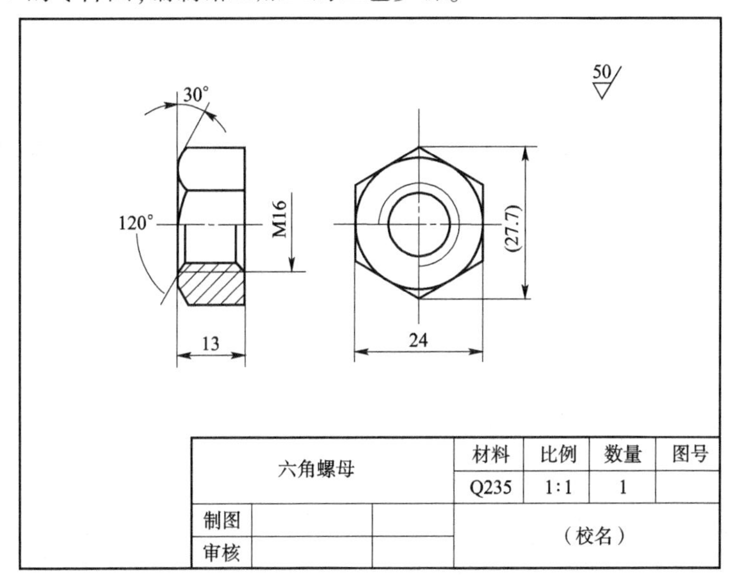

图 10-7　零件图

项目十一　典型零件制作

Z 知识目标

掌握钳工划线、锉削、锯割、錾削、钻(扩、铰)孔、攻螺纹(套螺纹)的综合应用与常用量具的测量方法。

N 能力目标

能正确使用钳工的常用工具、量具、设备,完成典型零件的加工。

S 素质目标

培养敬业、爱岗、团结、协作、勤俭节约的职业素质,培养团队技术交流与合作能力及相互沟通的语言表达能力。

前面几个项目,重点介绍了钳工的一些基本技能。本项目的任务是运用以前学过的相关知识和基本技能进行综合训练。通过具体任务的制作,培养钳工综合技能应用的能力。通过典型零件的钳工制作,为今后全面发展打下良好的工艺基础。

任务一　M12 螺母的制作

一、零件图

二、读图

图 11-1 M12 螺母,用主、左视图表达。技术要求中,要求去毛刺和孔两端倒角 1 ×45°。

3.2

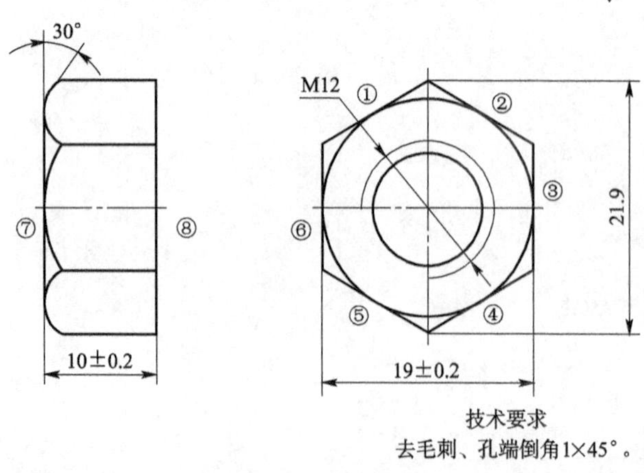

图 11-1　M12 螺母

三、工作准备

(1)备料:Q235(ϕ25×13),用手锯将Q235圆钢下料至ϕ25×13。

(2)主要工量具:锉刀、手锯、钻头、丝锥M12、铰杠、游标卡尺、螺纹塞规M12-7H。

四、工艺步骤

(1)锉左、右两端面:用锉削的方法加工左、右两端面,相互平行0.10mm。

(2)划线:划ϕ25圆钢中心线,打样冲眼。

(3)钻孔:钻M12螺纹底孔。

(4)攻螺纹:

①夹紧零件,夹紧零件时用力不能过大,用力过大容易把孔夹扁。

②选好丝锥、铰杠,检查丝锥有无缺牙现象。

③先用头锥攻丝,后用二锥攻丝,用二锥攻丝时必须先用手将丝锥旋进螺孔内,然后再旋转铰杆。

(5)划线:按图纸要求划六方加工线,打样冲眼。

(6)粗制六方:用錾、锯、锉削方法,去除四角,注意留精锉余量0.5~1mm。

(7)精锉六方:

①选基准面⑦。

②锉①面与⑦面呈直角。

③锉②、⑥面与⑦面呈直角,与①面呈120°。

④锉④面与⑦面呈直角与对面①平行,尺寸19±0.2mm。

⑤锉⑤面与⑦面呈直角与④、⑥面各呈120°且与对面的平行尺寸19±0.2mm。

⑥锉③面与⑦面呈直角与②、④面各呈120°且与对面⑥的平行尺寸19±0.2mm。

⑦倒30°角成,精锉尺寸10±0.2mm成。

五、质量检测评分标准(表11-1)

制作螺母评分表　　表11-1

总得分______________

序　号	项目和技术要求	实训记录	配　分	得　分
1	10±0.2		10	
2	19±0.2(3处)		10×3	
3	两端面平行0.1		12	
4	M12-7H		15	
5	R_a3.2(14处)		1×15	
6	30°角(6处)		3×6	
7	安全文明生产,违者扣1~10分			

任务二　凸形块的制作

一、零件图

二、读图

图 11-2 主视图中，[⌯ 0.12 A]表示凸台左、右两面与对称中心线的对称度不大于 0.12。技术要求中，要求去毛刺和孔口倒角。左视图中的螺纹采用了局部剖，左视图是局部剖视图。

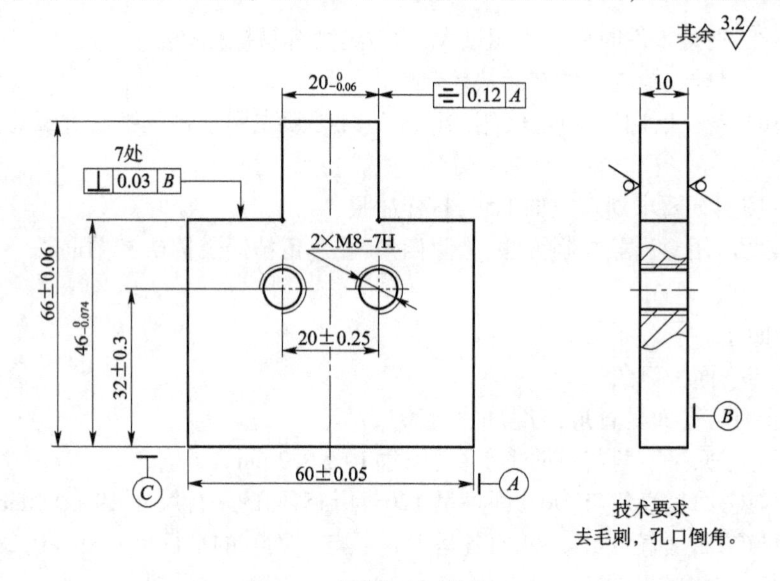

图 11-2　凸形块(尺寸单位:mm)

三、工作准备

(1)备料:45(62×68×t10)。

(2)主要工量具:锉刀、手锯、钻头 丝锥 M8、铰杠、螺纹塞规 M8-7H、游标卡尺、百分表。

四、工艺步骤

(1)划出凸台加工线。

(2)锯削、锉削加工左侧垂直角。根据 60±0.03 处的实际尺寸,通过控制 60±0.03 的尺寸误差值,从而保证在取得尺寸 $20_{-0.06}^{0}$ 的同时,又能保证对称度。

注意:尺寸 60±0.03 处的实际值必须测量准确,同时要控制好有关的工艺尺寸。

(3)按划线锯去右侧垂直角,锉削加工右侧垂直角,$20_{-0.06}^{0}$ 尺寸达到图样要求。

(4)加工尺寸 $46_{-0.074}^{0}$、66±0.06,达到尺寸公差。

(5)划线,钻、铰孔和攻丝。

注意:攻丝时要细心,孔端要倒角。

(6)去毛刺,全面复检。

五、质量检测评分标准(表 11-2)

制作凸形块评分表 表 11-2

总得分________________

序 号	项目和技术要求	实 训 记 录	配 分	得 分
1	$20^{\ 0}_{-0.06}$		10	
2	$46^{\ 0}_{-0.074}$(2 处)		8×2	
3	66±0.06		12	
4	⊥ 0.03 B (7 处)		2×7	
5	≡ 0.12 A		12	
6	2×M8-7H		6×2	
7	32±0.3		6	
8	20±0.25		8	
9	R_a3.2(10 处)		1×10	
10	安全文明生产,违者扣 1~10 分			

任务三 T 形板的制作

一、零件图(图 11-3)

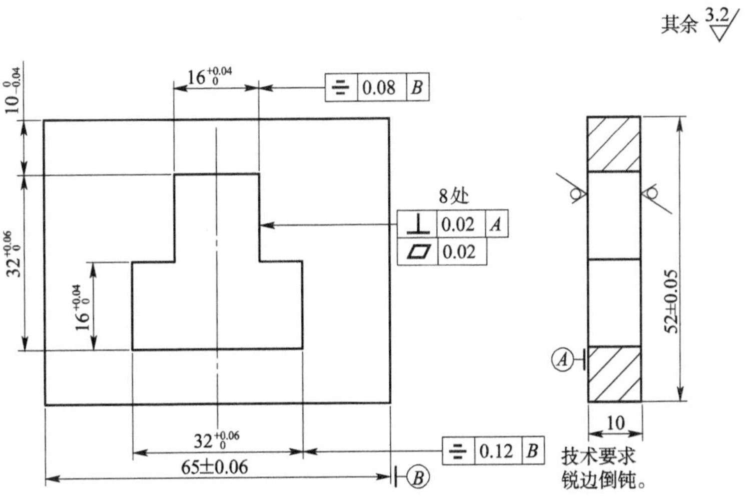

其余 3.2

技术要求
锐边倒钝。

图 11-3 T 形板(尺寸单位:mm)

二、工作准备

(1)备料:45($67\times54\times t10$)。

(2)主要工量具:游标卡尺、百分表、多种锉刀、扁錾。

三、工艺步骤

(1)修正右外侧面和顶面两面垂直。

(2)以右外侧面和顶面为划线基准,划出内T形全部加工线。

注意:划线要准、细且清楚,在交点处尤其注意准确。

(3)在内T形孔加工线内钻排孔,注意留加工余量,斩去尺寸 $32^{+0.06}_{0}\times32^{+0.06}_{0}\times16^{+0.04}_{0}$ 内T形孔余料。

(4)粗、精、细锉 65 ± 0.06 和 52 ± 0.05 尺寸达要求。

(5)粗、精、细锉 $32_{0}^{+0.06}\times32_{0}^{+0.06}\times16_{0}^{+0.04}$ 内T形孔各面,保证与相关面的平面度、垂直度、对称度和粗糙度,并达到尺寸要求。

(6)各锐边倒棱,去毛刺,复查全部技术要求。

注意:掌握内T形孔的清角修锉,防止修成圆角或锉坏相邻面。

四、质量检测评分标准(表11-3)

制作T形板评分表 表11-3

总得分______________

序　号	项目和技术要求	实训记录	配　分	得　分
1	$32^{+0.06}_{0}$(2处)		5×2	
2	▱ 0.02 (8处)		2×8	
3	⊥ 0.02 A (8处)		2×8	
4	⌯ 0.08 B		10	
5	⌯ 0.12 B		10	
6	$16^{+0.04}_{0}$(3处)		5×3	
7	$R_a3.2$(8面)		1×8	
8	$10^{0}_{-0.04}$		5	
9	52 ± 0.05		5	
10	65 ± 0.06		5	
11	安全文明生产,违者扣1~10分			

任务四 90°V 形配合制作

一、零件图

二、读图

图 11-4 是凹、凸件配合图，上边是凸件，下边是凹件。

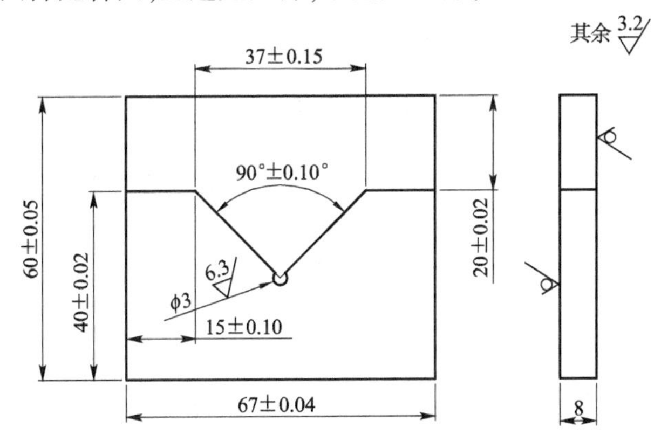

技术要求

1. 两配合处单边间隙不大于0.06mm，且能转位互换；
2. 棱边倒钝R0.2。

图 11-4 V 形锉配(尺寸单位:mm)

三、工作准备

(1)备料:A3(凸件 69 ×39 ×t8、凹件 69 ×42 ×t8)。

(2)主要工量具:锉刀、手锯、游标卡尺、钻头、塞尺、直角尺、90°样板。

四、工艺步骤

凸件(上)加工:

(1)取料,锉削四个侧面,保证长宽尺寸要求,以及表面质量要求。

(2)划 20 ±0.02 尺寸加工线及 90° ±0.1°凸起线。

(3)锯削,留锉削余量。

(4)分别锉削各锯削面,保证相应尺寸和表面质量要求。

(5)检验。

凹件(下)加工:

(1)取料;锉削左、右面及底面,保证宽度尺寸。

(2)按凸件(上)实际尺寸,在凹件(下)上划出加工线,并用理想尺寸校核。

(3)用样冲,确定 ϕ3 的中心,以便钻削定心。

(4)钻削 ϕ3 孔。

(5)锯削,留锉削余量。

(6)配锉各锉削面。

(7)配合间隙检查。

注意：

(1)为了给最后的锉配留有一定的余量，在加工凸凹件外轮廓尺寸时，应控制到尺寸的上偏差。

(2)为了能对凸凹件的对称度进行测量控制，67mm ±0.04mm 处的实际尺寸必须测量准确，并应取其各点实测值的平均数值。

(3)在加工凸件时，只能先去掉一垂直角料，待加工至所要求的尺寸公差后，才能去掉另一垂直角料。由于受测量工具的限制，只能采用间接测量法，以得到所需要的尺寸公差。

(4)采用间接测量法来控制零件的尺寸精度，必须控制好有关的工艺尺寸。

五、质量检测评分标准(表 11-4)

V 形锉配评分表 表 11-4

总得分____________

序　号	项目和技术要求	实 训 记 录	配　分	得　分
1	67 ±0.04(凹凸件)		12	
2	40 ±0.02		5	
3	20 ±0.02		5	
4	15 ±0.1(凹凸件)		10	
5	90° ±0.1°(凹凸件)		14	
6	37 ±0.15(凹凸件)		14	
7	ϕ3		10	
8	配合		16	
9	14 处表面粗糙度		14	
10	安全文明生产，违者扣 1 ~10 分			

任务五　錾口榔头制作

一、零件图

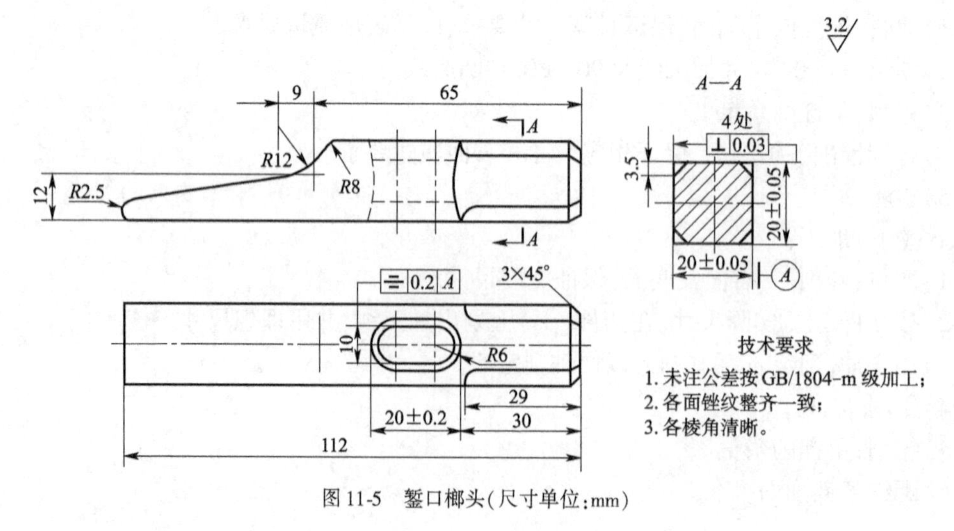

图 11-5　錾口榔头(尺寸单位：mm)

二、读图

图 11-5 中,用主视图和俯视图表达錾口榔头,右上方是断面图。

三、工作准备

(1)备料:Q235($\phi30 \times 114$)。

(2)主要工量具:划线平台、游标高度尺、样冲、手锤、锉刀、手锯、$\phi9.7$ 钻头、游标卡尺、直角尺。

四、工艺步骤

(1)检查来料尺寸。

(2)按图样要求锉削 20mm×20mm 长方体,留加工余量。

(3)以长面为基准锉右端面,达到基本垂直,表面粗糙度 $R_a \leqslant 3.2\mu m$。

(4)以一长面及右端面为基准,划錾口榔头斜面加工线和腰形孔加工线及钻孔检查图。

(5)用手锯锯斜面,留锉削余量。

(6)用 $\phi9.7$mm 钻头钻腰形孔。

(7)用圆锉锉通两孔或用錾子斩通,然后按图样要求锉好腰孔。

(8)按图纸划 $4-3.5 \times 45°$ 倒角加工线。

(9)锉 $4-3.5 \times 45°$ 倒角达到要求。方法:先用圆锉粗锉出 $R3.5$ 圆弧,然后分别用粗、细板锉倒角,再用圆锉精加工 $R3.5$ 圆弧,最后用推锉法修整,并用砂布打光。

(10)用半圆锉按斜面线粗锉 $R12$ 内圆弧面,用板锉粗锉斜面与 $R8$ 圆弧面至划线线条。后用细板锉细精锉斜面,用半圆锉精锉 $R12$ 内圆弧面,再用细板锉精锉 $R8$ 外圆弧面。最后用细板锉及半圆锉作推锉修整,达到各形面连接圆滑,光洁、纹理齐正。

(11)锉 $R2.5$ 圆头,并保证零件总长 112mm。

(12)八角端面棱边倒角 $3 \times 45°$。

(13)用砂布将各加工面全部砂光,待验。

注意:

(1)用 $\phi9.7$ 钻头钻孔时,要求钻孔位置正确,钻孔孔径没有明显扩大,以免造成加工余量不足,影响腰形孔的正确加工。

(2)锉削腰形孔时,应先锉两侧平面,后锉两端圆弧面。在锉平面时要注意控制好锉刀的横向移动,防止锉坏两端孔面。

(3)加工四角 $R3.5$ 内圆弧时,横向锉要锉准锉光,然后推光就容易,且圆弧尖角处也不易坍角。

(4)在加工 $R12$ 与 $R8$ 内外圆弧面时,横向必须平直,并与侧平面垂直,才能使弧形面连接正确、外形美观。

五、生产质量检测评分标准(表 11-5)

制作錾口榔头评分表　　表 11-5

总得分＿＿＿＿＿＿＿＿

序　号	项目和技术要求	实训记录	配　分	得　分
1	20 ±0.05mm(2 处)		6 ×2	
2	⊥ 0.03 (4 处)		4 ×4	
3	*R*2.5 圆弧面圆滑		6	
4	3.5 ×45° (4 处)		2 ×4	
5	*R*3.5 内圆弧连接(4 处)		2 ×4	
6	*R*12 与 *R*8 连接		8	
7	舌部斜平面平直度:0.03mm		8	
8	⌯ 0.2 *A*		10	
9	各倒角均匀,棱线清晰		6	
10	表面粗糙度:R_a3.2μm		8	
11	20 ±0.20mm		10	
12	安全文明生产,违者扣 1 ~10 分			

项目十二　钳工实训——典型零件加工图

双头螺栓加工图纸,如图 12-1 所示。

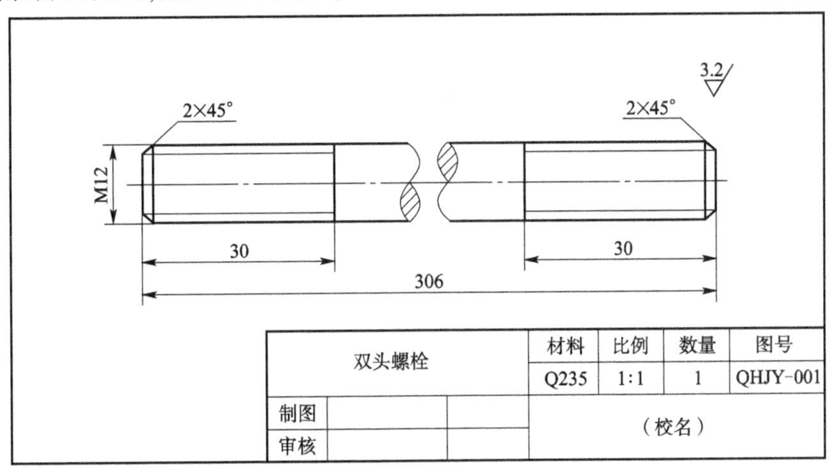

图 12-1　双头螺栓

多角样板图纸,如图 12-2 所示。

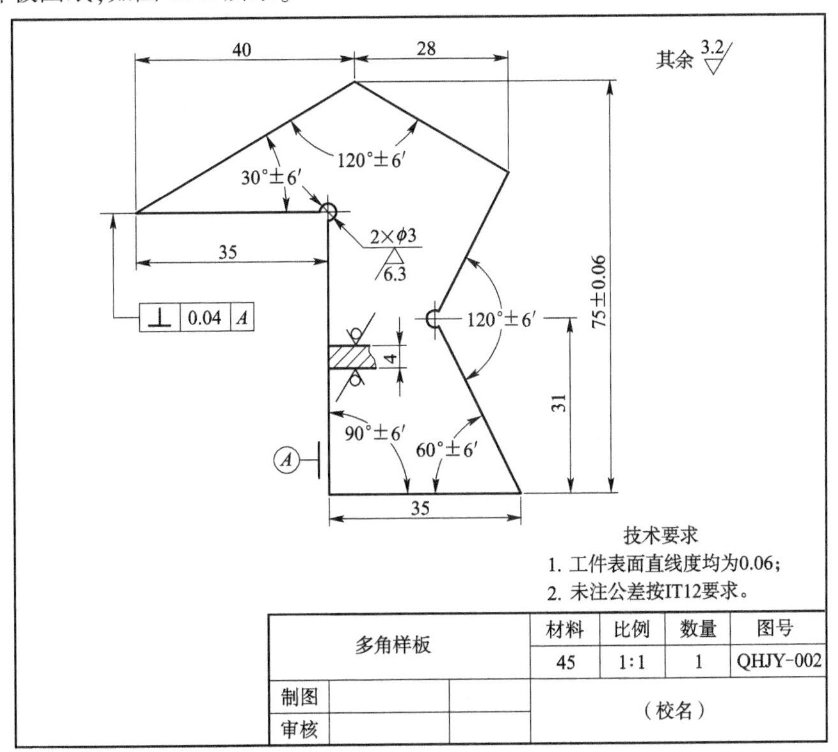

图 12-2　多角样板

工形块图纸，如图 12-3 所示。

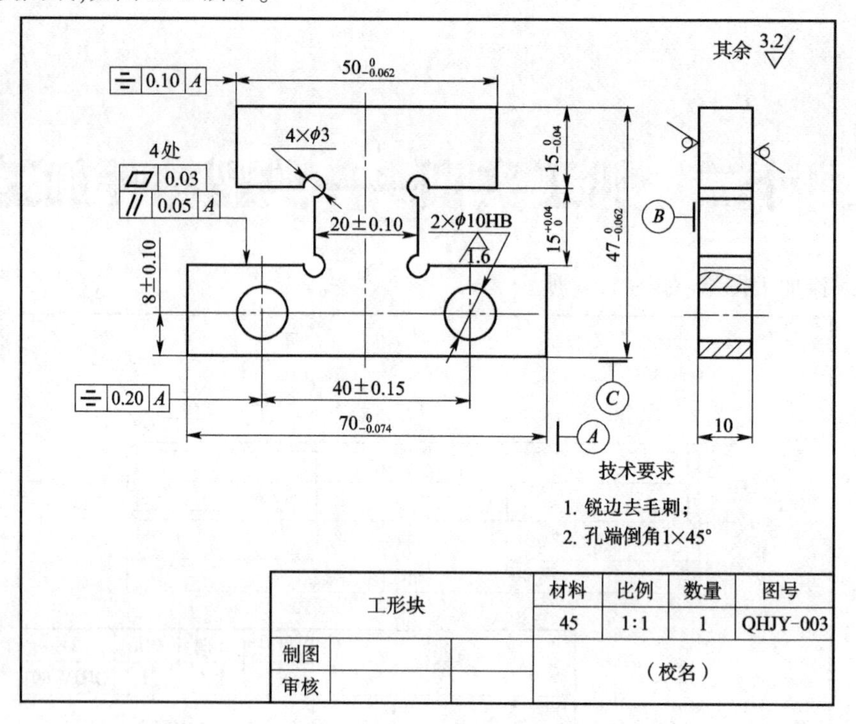

图 12-3　工形块

E 字板图纸，如图 12-4 所示。

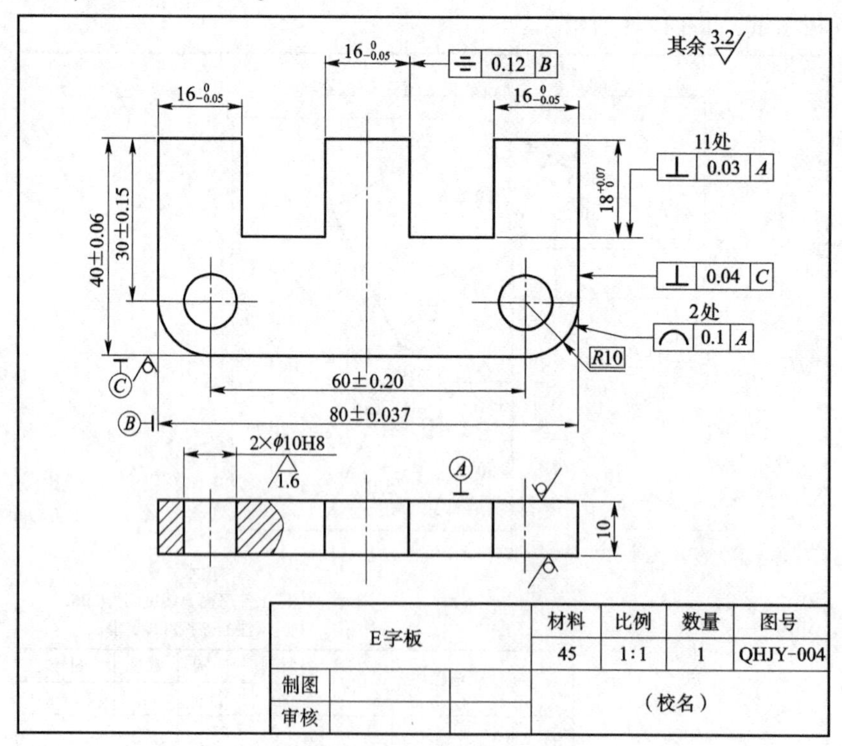

图 12-4　E 字板

凹凸模板图纸,如图 12-5 所示。

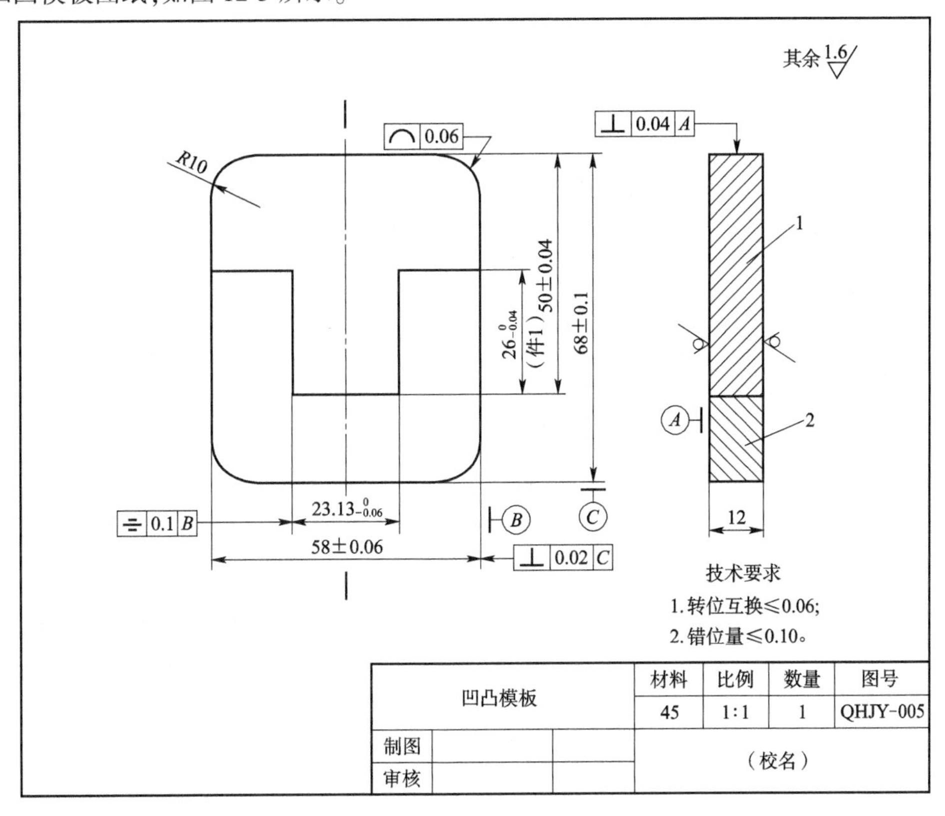

图 12-5 凹凸模板

钣金用工艺榔头图纸,如图 12-6 所示。

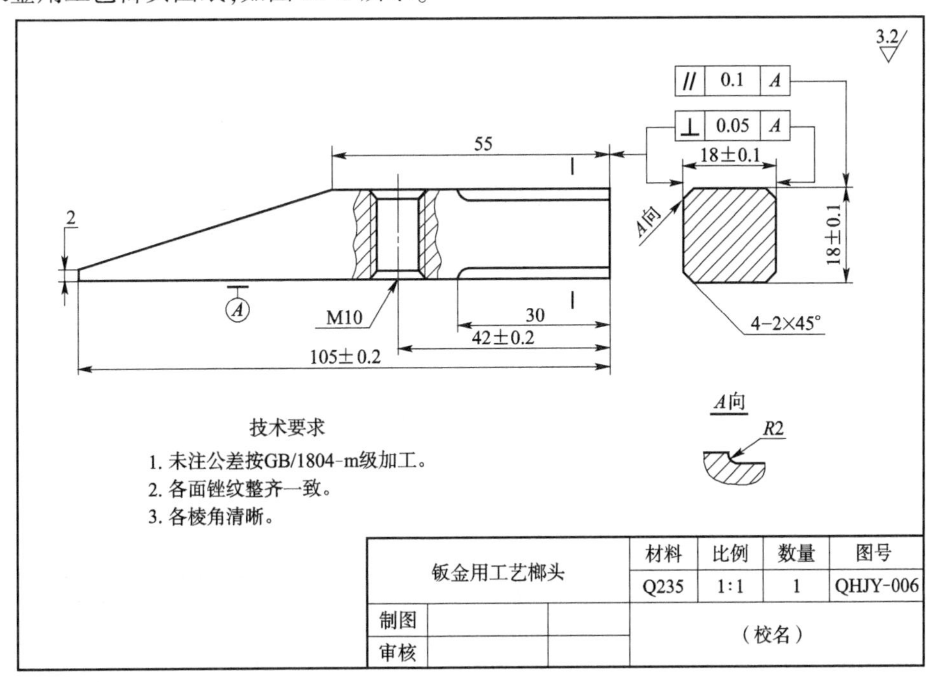

图 12-6 钣金用工艺榔头

木工工艺榔头图纸，如图 12-7 所示。

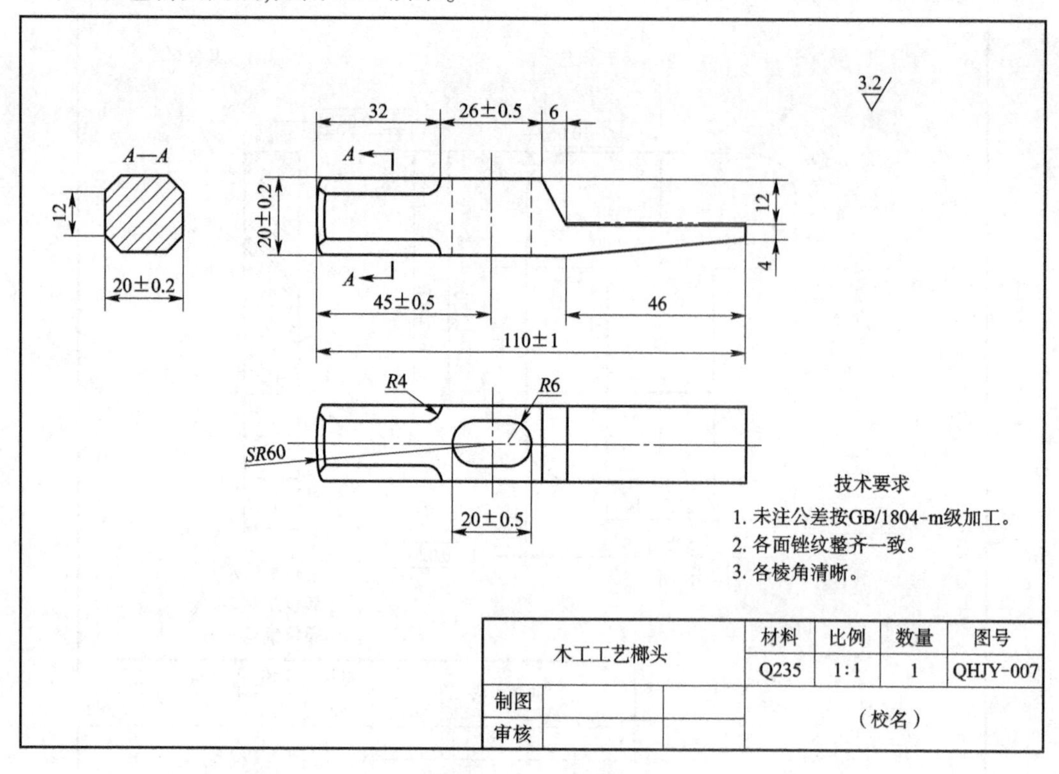

图 12-7　木工工艺榔头

三角孔板图纸，如图 12-8 所示。

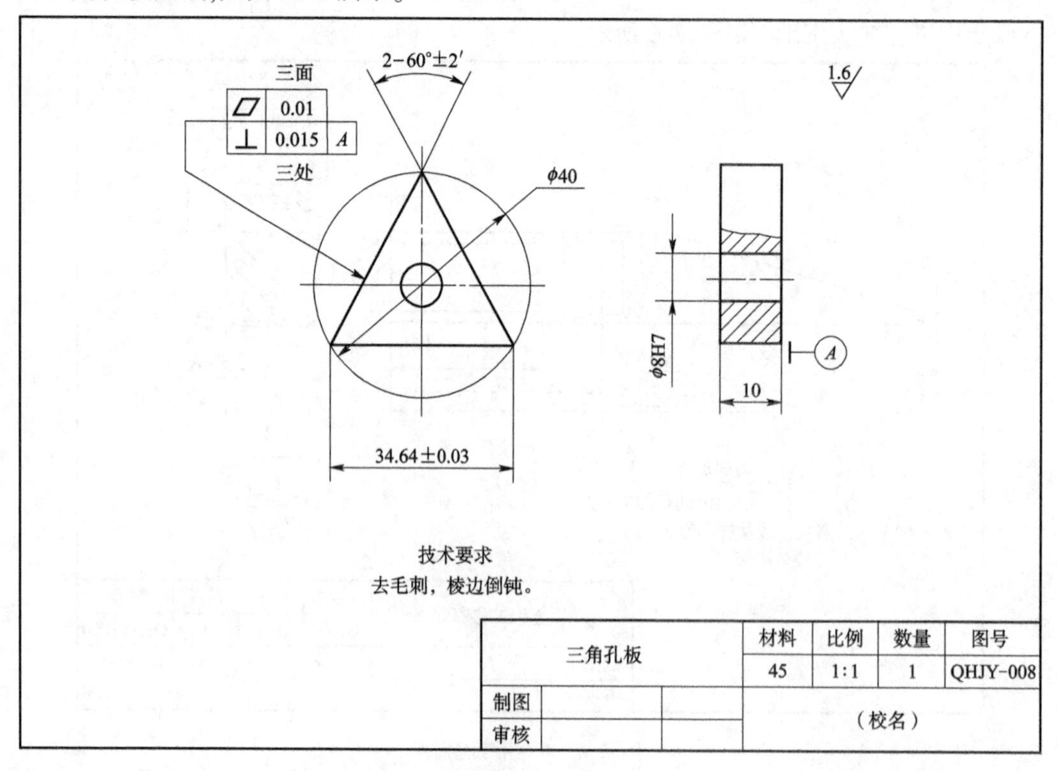

图 12-8　三角孔板

参考文献

[1] 唐世林,肖刚.钳工工艺与技能训练[M].北京:北京理工大学出版社,2009.
[2] 王立波.钳工[M].北京:化学工业出版社,2011.
[3] 徐再贵,张剑锋.钳工入门[M].北京:化学工业出版社,2009.
[4] 王国玉,苏全卫.学钳工[M].郑州:中原农民出版社,2010.
[5] 高永伟.钳工工艺与技能训练[M].北京:人民邮电出版社,2009.
[6] 汪哲能.钳工工艺与技能训练[M].北京:机械工业出版社,2010.
[7] 逯萍.钳工工艺学[M].北京:机械工业出版社,2008.